1CD 附赠46堂共计近140分钟的玻璃、金属、镜子、木纹等室内装饰设计案例制作高清晰视频教学

色彩搭配

相关室内装饰

基础色应用

风格与配色

U0333957

空间与配色

室内装饰设计
从入门到精通

曹茂鹏 编著

北京希望电子出版社
Beijing Hope Electronic Press
www.bhp.com.cn

内 容 简 介

　　室内装饰设计是一门综合的学科，由色彩、空间、风格、构图、材料等多种元素构成，复杂而细致。本书以色彩为出发点，结合不同室内空间、不同风格及特点，对室内装饰设计的配色方案进行深入细致的研究和讲解。

　　本书共分9章，第1、2章是基础章节，包括室内色彩的基本理论、室内设计的相关知识，为后面的学习奠定了基础，激发了读者的学习兴趣；第3章至第9章分别对室内装饰设计的基础色、室内各种构件的色彩搭配、不同空间的室内色彩搭配、不同风格的室内色彩设计、室内装饰设计的色彩印象、室内色彩设计的应用领域、现在室内装饰设计的特点等内容进行细致的阐述，配合大量优秀案例赏析，加深读者对于色彩的理解和印象。

　　本书不仅具有实用性，还兼具美观性。读者可以通过学习、理解书中知识，欣赏书中案例，更有效地提升自己的设计理念。

　　本书是室内设计、装潢设计等领域从业人员必备的参考书籍，也可作为各大、中专院校及相关培训机构的学习用书，以及自己动手进行室内装饰设计的实战攻略。

图书在版编目（CIP）数据

室内装饰设计从入门到精通 ／ 曹茂鹏编著．—北京：
北京希望电子出版社，2014.8
ISBN 978-7-83002-146-7

I. ①室… 　II. ①曹… III. ①室内装饰设计—基本知识
IV. ①TU238

中国版本图书馆 CIP 数据核字（2014）第 135431 号

出版：北京希望电子出版社
地址：北京市海淀区上地 3 街 9 号
　　　金隅嘉华大厦 C 座 610
邮编：100085
网址：www.bhp.com.cn
电话：010-62978181（总机）转发行部
　　　010-82702675（邮购）
传真：010-82702698
经销：各地新华书店

封面：深度文化
编辑：李小楠
校对：方加青
开本：787mm×1092mm　1/16
印张：14.5（全彩印刷）
字数：332 千字
印刷：北京博图彩色印刷有限公司
版次：2014 年 8 月 1 版 1 次印刷

定价：49.80 元（配 1 张 CD 光盘）

　　室内装饰设计是一门综合的学科，由色彩、空间、风格、构图、材料等多种元素构成，复杂而细致。本书以色彩为出发点，结合不同室内空间、不同风格及特点，对室内装饰设计的配色方案进行了深入细致的研究和讲解。

　　本书章节顺序的编制有利于阅读，可以达到循序渐进、有效提升设计水平的学习目的；本书内容翔实、具体，针对每一类别的室内装饰设计进行了完整的分析，其中包括设计原理、风格、色彩等；本书案例典型、实用，讲解了大量优秀的室内装饰设计案例；本书易学、具趣味性，语言通俗易懂，没有华丽的辞藻，却更贴近生活，适合新手学习和使用。

　　本书共分9章，第1、2章是基础章节，包括室内色彩的基本理论、室内装饰设计的相关知识，为后面的学习奠定了基础；第3章至第9章分别对室内装饰设计的基础色、室内各种构件的色彩搭配、不同空间的室内色彩搭配、不同风格的室内色彩设计、室内装饰设计的色彩印象、室内色彩设计的应用领域、现代室内装饰设计的特点等内容进行了细致的阐述。

　　本书通过对案例作品的设计理念、色彩等进行详尽的讲解，使读者能够更快地吸收、领悟相关知识并举一反三，进而将优秀的室内装饰设计方案应用到工作和学习中去。本书既包括全面而到位的色彩分析，又提供了详细而准确的色彩数值（包括CMYK和RGB），读者在参照色块的色彩进行搭配设计的同时，可以遵循准确的参数数值进行设置。此外，本书为读者精心准备了多组配色方案推荐，可以作为读者的实战参考，以更好地理解色彩搭配的原则和技巧。

　　本书力求将实用性、美观性、易学性结合在一起，愿成为读者学习道路上的引路石。但由于编者水平所限，书中难免有疏漏之处，希望广大专家、读者批评斧正。

　　本书主要由曹茂鹏编写，参与本书编写和整理的还有柳美余、苏晴、李木子、胡娟、矫雪、王萍、董辅川、杨建超、马啸、于燕香、李路、曹子龙、曹诗雅、丁仁雯、孙芳等。在本书编写的过程中，得到了北京希望电子出版社编辑老师的大力支持，在此表示感谢。

编著者

CONTENTS 目录

第4章 各种室内构件的色彩搭配

第5章 不同空间的室内色彩搭配

第6章 不同风格的室内色彩设计

第7章 室内装饰设计的色彩印象

第8章　室内色彩设计的应用领域

第9章　现代室内装饰设计的特点

第 **1** 章

室内色彩的基本理论

　　随着时代的不断发展与进步，人们对生活、工作等空间的审美和使用功能都提出了更高层次的要求。如今，人们可以根据喜好，充分运用各种色彩与材料来创造个性化的室内空间。在室内空间中充满了色彩，不同的色彩给人以不同的心理感受。因此，在室内装饰设计中，研究色彩在室内空间中的作用及其变化规律就显得尤为重要。

CMYK: 36-40-42-0 RGB: 180-157-142	CMYK: 18-34-58-0 RGB: 221-179-116	CMYK: 15-13-13-0 RGB: 224-220-217	CMYK: 55-89-50-5 RGB: 139-57-94	CMYK: 39-28-24-0 RGB: 169-176-182	CMYK: 85-76-56-23 RGB: 52-64-84
CMYK: 63-76-92-45 RGB: 82-51-30	CMYK: 32-65-73-0 RGB: 191-113-75	CMYK: 62-47-38-0 RGB: 115-129-142	CMYK: 64-63-38-0 RGB: 117-104-130	CMYK: 84-67-55-14 RGB: 56-81-96	CMYK: 59-50-55-1 RGB: 126-124-112

1.1 色彩设计原理

色彩设计带有随机性，但是也有相应的原理规律。常见的色彩搭配分别有单色搭配、类似色搭配、对比色搭配、互补色搭配。

1 单色搭配

单色搭配是指将24色环中两种相邻色彩进行搭配，又被称为"邻近色搭配"，这种搭配方式给人的视觉感受非常柔和。

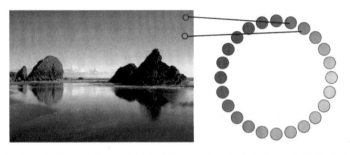

单色搭配被称为"最稳妥的色彩搭配方案"，因为这种配色方案往往会出自一个色相中，通过更改其明度或纯度加以区别，使空间产生微妙的变化。采用这种配色方案时，为了不让空间色彩过于单调、乏味，通常会加入少量其他色彩作为点缀，以达到活跃气氛的作用。

CMYK: 55-38-35-0	CMYK: 17-2-12-0	CMYK: 92-81-49-14	CMYK: 36-42-44-0	CMYK: 68-77-78-47	CMYK: 74-87-96-71
RGB: 131-148-155	RGB: 222-239-233	RGB: 37-63-96	RGB: 178-153-136	RGB: 71-48-42	RGB: 39-11-0
CMYK: 78-63-72-28	CMYK: 53-33-42-0	CMYK: 47-18-19-0	CMYK: 45-52-60-0	CMYK: 20-47-45-0	CMYK: 44-52-66-0
RGB: 60-77-67	RGB: 136-156-148	RGB: 150-188-203	RGB: 160-130-104	RGB: 214-154-131	RGB: 163-131-94

② 类似色搭配

类似色搭配是指将24色环中相隔30° ~60° 左右的色彩进行搭配。采用类似色进行搭配，空间整体给人以极为协调的感觉。

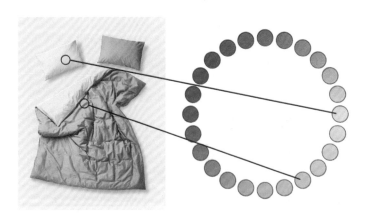

但是，使用类似色搭配也容易使空间显得平淡、单调。为了避免这样的问题，可以使用一种色彩作为主色调，使用另一种色彩作为辅助色或点缀色，这样就可以避免色彩过于相近所导致的空间死板的感觉。

CMYK: 20–21–43–0 RGB: 216–201–155	CMYK: 93–87–89–79 RGB: 0–2–0	CMYK: 34–32–50–0 RGB: 184–172–135
CMYK: 21–25–35–0 RGB: 213–195–168	CMYK: 32–40–64–0 RGB: 191–158–102	CMYK: 48–62–88–5 RGB: 152–107–56

CMYK: 90–90–70–61 RGB: 22–21–35	CMYK: 0–0–0–0 RGB: 255–255–255	CMYK: 60–51–51–1 RGB: 123–122–118
CMYK: 29–29–51–0 RGB: 197–180–134	CMYK: 13–15–44–0 RGB: 234–219–160	CMYK: 16–4–85–0 RGB: 236–233–40

3 对比色搭配

对比色搭配是指将24色环中色相之间的间隔角度处于120° 左右的色彩进行搭配，如红色与黄色、红色与蓝色。对比色搭配的效果鲜明、饱满，容易给人带来兴奋、刺激的感觉。

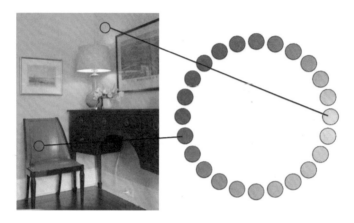

由于对比色的搭配给人以比较饱满、鲜明的视觉印象，在色彩面积上一般都会选择以一种色彩作为主色调，以另一种色彩作为点缀色，这样的搭配所产生的色彩效果不会使空间产生凌乱的感觉。

CMYK: 9-6-4-0	CMYK: 26-29-29-0	CMYK: 83-44-10-0	CMYK: 72-40-8-0	CMYK: 59-1-16-0	CMYK: 73-61-64-15
RGB: 237-238-242	RGB: 199-183-173	RGB: 0-127-193	RGB: 74-140-200	RGB: 95-204-227	RGB: 82-91-86
CMYK: 60-98-64-29	CMYK: 7-4-78-0	CMYK: 66-34-93-0	CMYK: 27-40-51-0	CMYK: 24-100-100-0	CMYK: 5-56-89-0
RGB: 106-28-60	RGB: 255-241-63	RGB: 107-145-62	RGB: 200-162-126	RGB: 207-1-14	RGB: 254-203-2

4 互补色搭配

互补色搭配是指将24色环中距离180°左右的色彩进行搭配，如红色与绿色、黄色与紫色。互补色相配能产生强烈的刺激作用，对人有很强的吸引力。

互补色搭配是一种十分刺激的搭配方式。要尽量避免大面积地使用互补色搭配，以免产生不稳定、视觉不舒服的印象，在配色中一定要处理好这种情况，不然会使空间冲突非常严重并破坏整体效果。

| CMYK: 16–13–15–0 | CMYK: 27–30–37–0 | CMYK: 50–76–91–16 | CMYK: 82–66–27–0 | CMYK: 62–53–53–1 | CMYK: 31–24–23–0 |
| RGB: 222–219–214 | RGB: 198–180–158 | RGB: 138–77–46 | RGB: 66–94–145 | RGB: 117–118–113 | RGB: 188–187–188 |

| CMYK: 59–21–100–0 | CMYK: 5–96–100–0 | CMYK: 7–27–90–0 | CMYK: 71–68–69–27 | CMYK: 10–0–83–0 | CMYK: 64–100–29–0 |
| RGB: 125–168–1 | RGB: 240–24–3 | RGB: 248–198–5 | RGB: 82–73–68 | RGB: 254–250–0 | RGB: 131–1–115 |

1.2 | 色彩的三大属性

就像人类有性别、年龄、种族等可判别个体的属性，色彩也具有其独特的三大属性，即色相、明度、纯度。任何色彩都有色相、明度、纯度，这三种属性是界定色彩感官识别的基础。灵活地应用三大属性进行变化，也是色彩设计的基础。通过色彩的色相、明度、纯度的共同作用，才能更加合理地达到某些效果。

1 色相

色相是色彩的"相貌"，与色彩的明暗无关，是区别色彩的名称或种类。色相是根据该色彩光波的长短划分的。只要色彩的波长相同，色相就相同；波长不同，则产生色相的差别。例如，明度不同的色彩但是波长都处于780～610nm范围内，那么这些色彩的色相都是红色。

红：780～610nm
橙：610～590nm
黄：590～570nm
绿：570～490nm
青：490～480nm
蓝：480～450nm
紫：450～380nm

说到色相，就不得不了解一下什么是三原色、二次色以及三次色。三原色是三种基本原色，原色是指不能通过其他色彩的混合调配而得出的基本色。二次色即间色，是由两种原色混合调配而得到的。三次色是由原色和二次色混合而成的色彩。

原色：红、蓝、黄
二次色：橙、绿、紫
三次色：红橙、黄橙、黄绿、蓝绿、蓝紫、红紫

红、橙、黄、绿、蓝、紫是日常生活中最常接触到的色彩，在各色中间加插一两个中间色，其头尾色相之间即可构成12基本色相。

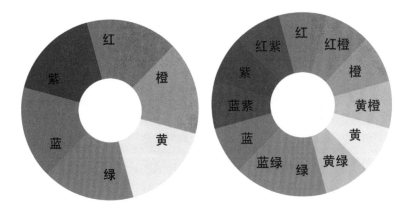

　　在色相环中，穿过中心点的对角线位置的两种色彩是彼此的互补色，即角度为180°的两种色彩。因为这两种色彩的差异最大，所以当这两种色彩搭配并置时，其特征会相互衬托得十分明显。补色搭配也是常见的配色方法，红色与绿色互为补色，紫色和黄色互为补色。

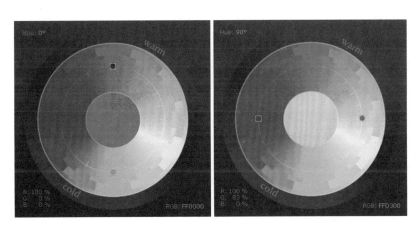

② 明度

　　明度是眼睛对光源和物体表面的明暗程度的感觉，是主要由光线强弱决定的一种视觉经验。明度也可以被简单地理解为色彩的亮度。明度越高，色彩越亮；反之，则越暗。

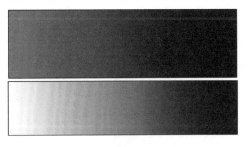

高明度　　　　中明度　　　　低明度

色彩的明暗程度有两种情况，即同一色彩的明度变化和不同色彩的明度变化。同一色彩的明度变化主要是深浅变化。不同色彩的明度变化中，以黄色的明度最高，紫色的明度最低，红、绿、蓝、橙色的明度相近，为中间明度。

使用不同明度的色块有助于表达空间的感情。

CMYK: 80-82-91-70
RGB: 30-20-10

CMYK: 4-15-57-0
RGB: 255-225-127

CMYK: 52-0-94-0
RGB: 130-228-17

CMYK: 63-80-77-41
RGB: 85-50-46

CMYK: 21-47-56-0
RGB: 213-154-112

CMYK: 5-4-52-0
RGB: 255-243-146

CMYK: 41-100-100-7
RGB: 169-7-4

CMYK: 0-74-93-0
RGB: 254-100-0

CMYK: 6-17-88-0
RGB: 254-218-0

CMYK: 16-38-56-0
RGB: 224-174-118

CMYK: 64-99-100-63
RGB: 61-1-0

CMYK: 34-85-100-1
RGB: 186-69-22

饱和度

饱和度是指色彩的鲜浊程度，也就是色彩纯度。物体的饱和度取决于该物体表面选择性的反射能力。在同一色相中添加白色、黑色或灰色都会降低它的纯度。

色彩的饱和度也像明度一样有着丰富的层次，使饱和度的对比呈现出变化多样的效果。混入的黑、白、灰成分越多，则色彩的饱和度越低。以红色为例，在加入白色、灰色和黑色后其饱和度都会降低。

高饱和度

中饱和度

低饱和度

在设计中可以通过控制色彩饱和度对空间进行调整。色彩的饱和度越高，空间色彩的效果越鲜艳、明亮，给人的视觉冲击力越强；反之，色彩的饱和度越低，空间的灰暗程度越重，所产生的效果越柔和、舒服。

CMYK: 4-71-52-0
RGB: 244-109-101

CMYK: 3-55-59-0
RGB: 247-147-100

CMYK: 26-42-56-0
RGB: 203-160-116

CMYK: 17-13-12-0
RGB: 218-218-218

CMYK: 56-81-84-33
RGB: 107-55-43

CMYK: 88-85-85-75
RGB: 12-10-10

CMYK: 5-92-100-0
RGB: 240-45-4

CMYK: 4-72-96-0
RGB: 243-104-1

CMYK: 24-49-77-0
RGB: 208-146-70

CMYK: 17-14-9-0
RGB: 219-218-224

CMYK: 53-89-100-33
RGB: 115-43-10

CMYK: 87-87-88-77
RGB: 14-4-0

1.3 色彩的感觉

在人们生活的环境里，每种物体都有其各自的形状和色彩，而人的视觉对色彩的反应是最敏感的。色彩的丰富表现不仅能引起人们心理上的反应，还能引起人们生理上的反应。

室内墙面、家具、陈设等的色彩是相互作用的，可直接影响人们的视觉效果，使物体的重量感、体量感、距离感和温度感在主观感觉中发生一定的变化，这种感觉上的微妙变化，就是色彩的感觉。

1 色彩的重量感

物体表面的色彩不同，看上去轻重感觉也不同，这种与实际重量不相符的视觉效果被称为"色彩的轻重感"。感觉轻的色彩被称为"轻感色"，如白、浅绿、浅蓝、浅黄等；感觉重的色彩被称为"重感色"，如藏蓝、黑、棕黑、深红等。

CMYK: 46-50-57-0 RGB: 158-132-109	CMYK: 32-22-14-0 RGB: 185-191-205	CMYK: 48-27-27-0 RGB: 149-172-179	CMYK: 42-50-05-0 RGB: 169-135-96	CMYK: 00-76-96-71 RGB: 1-22-0	CMYK: 32-25-25-0 RGB: 184-184-182
CMYK: 68-57-56-5 RGB: 100-106-104	CMYK: 28-22-22-0 RGB: 194-194-192	CMYK: 31-29-34-0 RGB: 189-180-165	CMYK: 68-81-96-59 RGB: 58-33-17	CMYK: 70-59-54-6 RGB: 95-101-105	CMYK: 82-77-75-56 RGB: 38-38-38

② 色彩的体量感

从体量感的角度看，可以把色彩分为膨胀色和收缩色。感觉比实际要大的色彩被称为"膨胀色"；感觉比实际要小的色彩被称为"收缩色"。

例如，白背景上的黑色图形看起来比较小；黑背景上的白色图形看起来比较大。

③ 色彩的距离感

色彩的距离感受到色相的影响最大，其次是受到纯度和明度的影响。在色相方面，波长长的色彩（如红、橙、黄等）具有扩大、向前的特性，而波长短的色彩（如蓝绿、蓝、蓝紫、紫等）具有后退、收缩的特性。

利用色彩的距离感，可以改善空间环境某些局部的形态和比例。例如，如果房间狭小，要使它看起来宽敞，应采用蓝色系等略暗的墙壁色；如果室内天棚太高，希望它看起来低些，可采用奶黄色系的明亮色。

CMYK: 84-77-53-19
RGB: 59-66-89

CMYK: 28-24-26-0
RGB: 194-189-183

CMYK: 81-78-83-65
RGB: 33-29-24

CMYK: 24-60-100-0
RGB: 207-124-2

CMYK: 37-58-90-0
RGB: 181-122-49

CMYK: 8-21-24-0
RGB: 238-212-192

CMYK: 51-52-64-1
RGB: 145-125-98

CMYK: 66-70-69-26
RGB: 93-73-67

CMYK: 63-99-100-61
RGB: 65-0-0

CMYK: 54-56-55-1
RGB: 138-118-109

CMYK: 71-87-97-68
RGB: 46-17-3

CMYK: 24-24-27-0
RGB: 205-194-183

❹ 色彩的温度感

　　色彩的温度感是指色彩的冷暖属性。色彩的冷暖属性是人们在长期的生活实践中由于联想而形成的。红、橙、黄色常使人联想起太阳和火焰，因此有温暖的感觉，被称为"暖色"；蓝色常使人联想起蓝天和冰雪，因此有寒冷的感觉，被称为"冷色"；绿色、紫色等给人的感觉是不冷不暖，被称为"中性色"。

　　在室内色彩设计中，首先应明确是采用冷色调、暖色调还是中间色调。一般情况是，朝阳的房间多采用冷调或偏冷的中间色调，如淡蓝、淡紫、蛋青、乳白、果绿等；而背阴的房间多采用暖色调，如米黄、粉红、橘红等。

CMYK: 94-91-82-75
RGB: 1-1-11

CMYK: 100-94-61-41
RGB: 1-32-61

CMYK: 93-84-57-30
RGB: 30-50-74

CMYK: 27-43-60-0
RGB: 200-156-109

CMYK: 28-52-86-0
RGB: 199-139-53

CMYK: 11-27-51-0
RGB: 236-189-135

CMYK: 54-100-96-44
RGB: 99-0-21

CMYK: 37-36-69-0
RGB: 181-162-96

CMYK: 41-30-21-0
RGB: 166-172-186

CMYK: 0-59-75-0
RGB: 255-139-62

CMYK: 55-77-100-29
RGB: 114-63-8

CMYK: 54-68-81-15
RGB: 129-88-60

第 2 章

室内装饰设计的相关知识

室内装饰设计是建筑设计的重要组成部分。通过室内装饰设计，可以弥补建筑设计的不足，将建筑空间设计进一步完善。室内装饰设计具有宽泛性、专业性、艺术性等诸多特点，是一门综合性的学科。学习室内装饰设计，要了解设计、了解市场、了解时代。

CMYK: 63-57-67-8 RGB: 112-107-88	CMYK: 70-66-67-22 RGB: 87-80-74	CMYK: 45-99-100-14 RGB: 153-26-19	CMYK: 88-68-8-0 RGB: 37-89-167
CMYK: 39-50-71-0 RGB: 175-137-86	CMYK: 53-43-46-0 RGB: 138-139-131	CMYK: 61-53-47-0 RGB: 120-118-122	CMYK: 41-34-52-0 RGB: 168-162-128

CMYK: 33-27-35-0 RGB: 184-181-164	CMYK: 17-13-14-0 RGB: 219-218-215
CMYK: 95-95-62-47 RGB: 23-27-53	CMYK: 43-85-78-6 RGB: 163-67-61

2.1 室内装饰设计的要素

在进行室内装饰设计时，不仅要围绕色彩，还要综合其他因素，全方位地综合考量，这样才能创造出合理、舒适、美观的理想场所。在室内装饰设计中，光影、装饰、绿化和空间是四个基本要素。

1 光影

在室内装饰设计中，光与影是美化环境必不可少的条件。良好的采光与照明可以消除室内的黑暗感和封闭感，对人的心理和生理都可以产生积极的作用。

光源可分为自然光源和人工光源。自然光源以日光为主，人工光源以灯光为主。将日光引到室内，可以消除空间的封闭感；而灯光不仅可以解决照明问题，还可以进行空间装饰，产生艺术效果，良好的采光可以增加生活情趣。

◎ 配色方案推荐

CMYK: 23-52-44-0 RGB: 207-143-130	CMYK: 8-6-6-0 RGB: 239-239-239	CMYK: 52-90-77-24 RGB: 124-48-53
CMYK: 86-82-72-57 RGB: 31-32-39	CMYK: 51-25-67-0 RGB: 144-170-107	CMYK: 26-34-32-0 RGB: 201-174-165

利用灯光为空间打造层次感。黄色调的灯光将整个会场装点得富丽堂皇，庄重中带着亲切。

◎ 配色方案推荐

CMYK: 71-85-92-66 RGB: 47-22-12	CMYK: 45-68-84-6 RGB: 157-98-59	CMYK: 15-14-32-0 RGB: 227-219-183
CMYK: 86-80-86-71 RGB: 19-20-15	CMYK: 41-32-33-0 RGB: 165-166-162	CMYK: 68-68-75-31 RGB: 85-71-59

❷ 装饰

随着物质水平的不断提高，人们对美、对艺术的追求也越来越高，更多人开始讲究室内的陈设与装饰。通过进行艺术处理与设计，让居室变得更加生动、温馨、富有情调，达到提升生活品质的良好效果。在该空间中巧妙地运用色彩以进行空间的装饰，蓝色与红色的扶梯为空间增加了流动感。

◉ 配色方案推荐

CMYK: 25-26-23-0 RGB: 200-189-187	CMYK: 63-61-60-8 RGB: 112-100-95	CMYK: 67-87-84-60 RGB: 59-26-24
CMYK: 97-96-53-28 RGB: 28-37-75	CMYK: 30-82-75-0 RGB: 194-78-64	CMYK: 23-47-61-0 RGB: 210-152-103

客厅中驼色的地板和沙发给人一种温和、优雅、安静的感觉。如果只有这一类色调存在于该空间，则该空间虽然色调和谐但略为沉闷。设计师利用紫色的窗帘为空间增添了活跃的气氛，使空间多了几分女性色彩。

◉ 配色方案推荐

CMYK: 0-0-0-0 RGB: 255-255-255	CMYK: 58-66-24-0 RGB: 132-101-147	CMYK: 61-65-73-18 RGB: 110-87-69
CMYK: 75-74-80-53 RGB: 52-45-38	CMYK: 48-51-60-0 RGB: 152-130-104	CMYK: 57-54-54-1 RGB: 129-119-110

❸ 绿化

"养花亦养心"，培养植物不仅可以陶冶情操，还可以美化环境。在室内培养植物可以起到沟通室外、扩大室内空间以及美化空间的作用。

绿化使人心情愉悦，阳台中盛开的大丽菊生机勃勃，旁边自然垂落的枝叶让人感觉慵懒，整个空间闲适、放松，有享受生活之感。

◉ 配色方案推荐

CMYK: 36-36-39-0 RGB: 178-163-150	CMYK: 72-82-88-64 RGB: 47-26-18	CMYK: 66-77-82-47 RGB: 75-48-38
CMYK: 90-83-67-50 RGB: 28-38-50	CMYK: 75-45-100-6 RGB: 80-120-37	CMYK: 6-2-1-0 RGB: 243-248-251

高明度的空间中以白色作为主色调，充满了纯美与恬静的氛围。为了使空间不那么冷清，几株水栽植物增添了些许情调。

◎ 配色方案推荐

CMYK: 33-38-35-0 RGB: 186-162-155	CMYK: 48-58-65-2 RGB: 154-116-91	CMYK: 39-32-26-0 RGB: 169-168-174
CMYK: 3-0-0-0 RGB: 249-253-255	CMYK: 28-22-28-0 RGB: 194-193-182	CMYK: 76-54-100-19 RGB: 73-97-36

4 空间

室内装饰设计中的"空间"，是指空间形态、空间组织、空间构图和空间色彩。只有将空间中的各个要素进行合理化的搭配，才能给人以美的感觉，并最终成就完美的空间设计。该空间借用落地窗增加了空间的视觉面积，使整个空间看上去通透、宽敞，亲近自然。

◎ 配色方案推荐

CMYK: 25-40-48-0 RGB: 204-164-131	CMYK: 48-39-33-0 RGB: 150-151-156	CMYK: 68-88-99-64 RGB: 55-19-4
CMYK: 93-88-87-78 RGB: 1-2-4	CMYK: 22-15-13-0 RGB: 207-211-215	CMYK: 54-30-86-0 RGB: 139-160-39

开放式的客厅使室内空间看上去十分宽敞，再加上良好的采光和高明度的配色方案，整个空间显得通透、明亮。

◎ 配色方案推荐

CMYK: 34-59-73-0 RGB: 186-123-78	CMYK: 68-73-68-31 RGB: 86-65-64	CMYK: 36-41-40-0 RGB: 179-155-145
CMYK: 24-19-16-0 RGB: 204-202-205	CMYK: 87-87-79-71 RGB: 19-14-20	CMYK: 27-37-68-0 RGB: 203-168-95

2.2 室内装饰设计的基本要求

室内装饰设计的核心是为人和人际活动服务的。一个良好的设计，可以提高人们的物质生活和精神生活水平，这需要设计师具有细致入微、设身处地地为居住者创造美好室内环境的职业素养。

1 室内装饰设计要满足使用功能要求

室内装饰设计是为人服务的，要以创造良好的生活及居住环境为宗旨，把满足人们在室内生活、工作、休息的要求置于首位。因此，室内装饰设计要满足使用功能要求。只有满足了使用功能要求，才能进行装饰、配色、美化等活动。

⊙ 配色方案推荐

CMYK: 78-68-46-5 RGB: 78-88-113	CMYK: 37-41-53-0 RGB: 177-154-123	CMYK: 62-61-63-9 RGB: 144-100-90
CMYK: 87-83-84-73 RGB: 17-15-14	CMYK: 22-21-25-0 RGB: 208-200-189	CMYK: 38-91-86-3 RGB: 177-55-51

2 室内装饰设计要满足审美要求

不同的人对美的定义是不同的，正是因为这种不同，才使得艺术具有多样性。在对室内进行装饰设计时，要考虑到不同人的审美观念，这样才能设计出令人满意的作品。

⊙ 配色方案推荐

CMYK: 34-59-73-0 RGB: 186-123-78	CMYK: 68-73-68-31 RGB: 86-65-64	CMYK: 36-41-40-0 RGB: 179-155-145
CMYK: 24-19-16-0 RGB: 204-202-205	CMYK: 87-87-79-71 RGB: 19-14-20	CMYK: 27-37-68-0 RGB: 203-168-95

3 室内装饰设计要满足现代技术要求

在科技飞速发展的今天，科技已无处不在，室内装饰设计也置身于科技的范畴之内。只有将科技与室内装饰设计结合在一起，才能使室内装饰设计更好地满足人们的要求，做到与时俱进。

◉ 配色方案推荐

CMYK: 11-28-36-0	CMYK: 44-53-71-0	CMYK: 70-76-91-55
RGB: 233-197-164	RGB: 165-129-86	RGB: 58-42-25
CMYK: 72-79-79-55	CMYK: 10-13-17-0	CMYK: 34-84-100-1
RGB: 56-39-35	RGB: 235-225-212	RGB: 187-70-0

4 室内装饰设计要符合地区特点与民族风格要求

不同地域的人有不同的生活、居住习惯，这就要求设计师在进行设计时要充分考虑到不同的文化、地域、民族等特点，以符合他们的居住和审美要求。

◉ 配色方案推荐

CMYK: 96-73-61-30	CMYK: 18-75-100-0	CMYK: 9-10-14-0
RGB: 0-62-76	RGB: 218-95-0	RGB: 238-232-222
CMYK: 30-50-60-0	CMYK: 72-84-88-65	CMYK: 56-97-100-49
RGB: 193-142-104	RGB: 47-24-18	RGB: 89-17-9

2.3 室内色彩的禁忌

独立的色彩谈不上美与不美，当两种或两种以上的色彩搭配到一起时就会影响到人的感受。好的色彩搭配不仅美观，还可以让空间变得更加舒适，而不好的色彩搭配不仅会影响到美观，还可能影响到人的心情和健康。因此，处理好色彩之间的协调关系，就成为色彩搭配要解决的关键问题。

1 紫色不宜用为主色调

紫色是所有纯色中明度最低的色彩，通常给人一种浪漫、华丽之感，但是当紫色较暗时，会使人感到忧郁、沉静。大面积的紫色调会降低空间的明度，让空间产生收缩感，从而让空间变得压抑不安。对于一些特别喜欢紫色的人，可以减少紫色的面积，让紫色作为点缀出现在空间中。

◎ 配色方案推荐

CMYK: 63-94-52-13 RGB: 115-43-84	CMYK: 38-32-36-0 RGB: 172-168-157	CMYK: 77-71-69-37 RGB: 61-61-61
CMYK: 85-81-83-70 RGB: 22-21-19	CMYK: 62-79-83-43 RGB: 86-50-39	CMYK: 33-36-47-0 RGB: 186-166-137

2 卧室忌用橙色调

卧室是休憩、放松的空间，要尽量选择舒适、宁静的色彩，让居住者更好地休息。橙色是一种比较跳跃的色彩，如果将橙色应用在卧室中，不易使人安静下来，不利于人的睡眠。当然，这也不是绝对的，如果卧室处在阴面，可以适当地以橙色作为点缀，以提升空间的温度和明度。

◎ 配色方案推荐

CMYK: 73-42-48-0 RGB: 82-131-132	CMYK: 40-86-100-5 RGB: 172-64-13	CMYK: 19-11-20-0 RGB: 216-221-209
CMYK: 61-57-68-7 RGB: 118-108-86	CMYK: 77-70-82-48 RGB: 52-53-41	CMYK: 31-76-64-0 RGB: 192-92-84

3 餐厅忌用冷色调

餐厅是进餐的场所，应该选择可以促进食欲的色彩，如红色、橘色等暖色调。蓝色、青色等冷色调往往给人一种冰冷、凉爽的感觉，具有镇定的作用，会影响到人们的食欲，通常被应用在卫浴空间中，使卫浴空间看起来更加干净、整洁。

◎ 配色方案推荐

CMYK: 98-88-52-22 RGB: 20-49-84	CMYK: 64-88-97-59 RGB: 66-25-13	CMYK: 43-69-71-3 RGB: 164-99-77
CMYK: 51-46-49-0 RGB: 144-136-125	CMYK: 35-18-22-0 RGB: 179-195-195	CMYK: 89-55-54-5 RGB: 0-103-113

④ 减小黑色的面积

在生活中很多人都喜欢黑色，因为黑色看起来神秘、低调、有个性、华丽。但是在家居空间中，应该避免应用大面积的黑色，因为黑色的明度低，会让空间变得狭小、灰暗，产生压抑的感觉。

◉ 配色方案推荐

CMYK: 64-45-38-0 RGB: 110-132-144	CMYK: 43-25-24-0 RGB: 161-178-186	CMYK: 8-5-9-0 RGB: 240-241-235
CMYK: 81-76-75-53 RGB: 40-42-41	CMYK: 41-29-43-0 RGB: 168-172-148	CMYK: 56-24-91-0 RGB: 135-167-58

⑤ 粉红色会引起烦躁情绪

粉红色是一种比较轻柔的色彩，深受女孩子的喜欢。但是在房间中采用大面积的粉红色，会使人精神一直处于亢奋状态，引起烦躁情绪。在为家居空间配色时，可以将粉红色作为辅助色或点缀色，如用于床上用品、窗帘等；也可以降低粉红色的浓度，这样就可以减少烦躁感，让房间变得更温馨。

◉ 配色方案推荐

CMYK: 29-58-49-0 RGB: 196-129-117	CMYK: 20-38-26-0 RGB: 212-171-171	CMYK: 26-41-37-0 RGB: 201-162-151
CMYK: 54-62-77-10 RGB: 132-100-69	CMYK: 16-18-20-0 RGB: 222-211-201	CMYK: 33-30-50-0 RGB: 187-176-136

⑥ 忌用咖啡色装饰儿童房间

咖啡色是在客厅和卧室中常见的色彩，一直深受人们的喜爱。咖啡色优雅、知性，不温不火的色彩性格具有庄重、朴实之感。咖啡色是比较含蓄的色彩，不宜用在儿童房间内，暗沉的色彩会使儿童的性格忧郁，影响儿童的身心健康。

◉ 配色方案推荐

CMYK: 74-84-77-61 RGB: 48-27-30	CMYK: 39-31-30-0 RGB: 169-169-169	CMYK: 52-57-68-3 RGB: 142-115-87
CMYK: 25-24-32-0 RGB: 202-193-174	CMYK: 18-12-13-0 RGB: 217-219-218	CMYK: 11-12-23-0 RGB: 234-226-203

7 忌用暖色调装饰书房

书房是工作、学习的场所，需要一种安宁、冷静的气氛。暖调的色彩感觉兴奋、热烈，可用于客厅的设计，用来装饰书房会让书房的气氛过于欢闹，从而使人分心。尤其是黄色，会使人们的思考速度减慢。

◉ 配色方案推荐

CMYK: 42-33-35-0 RGB: 164-164-159	CMYK: 76-67-66-27 RGB: 69-73-72	CMYK: 82-74-85-60 RGB: 34-37-28
CMYK: 5-13-71-0 RGB: 255-227-89	CMYK: 52-66-81-11 RGB: 137-95-62	CMYK: 64-61-65-11 RGB: 108-97-85

8 黑与白忌等比搭配

黑色与白色的搭配对比较为强烈，具有很强的现代感。如果室内空间中采用黑白等比的配色方案，会让空间显得很化峭，长时间处于这样的环境中，使人感觉紧张、烦躁、不安。在室内装饰设计中，通常会以白色作为主色调，搭配少许黑色，这样既能保证室内空间的明亮，又能突出居住者的个性与品位。

◉ 配色方案推荐

CMYK: 62-51-48-1 RGB: 117-121-122	CMYK: 41-55-65-0 RGB: 170-127-93	CMYK: 23-28-37-0 RGB: 207-187-161
CMYK: 89-85-83-74 RGB: 12-12-14	CMYK: 23-16-13-0 RGB: 205-208-213	CMYK: 44-38-39-0 RGB: 160-154-147

9 家居空间中忌用大面积的金色

金色是一种华丽、富贵的色彩，能让空间看起来熠熠生辉，通常会被应用在酒店、KTV等场所。在家居空间中，金色往往会以点缀色出现，因为大面积的金色使人的精神高度紧张，无法得到放松。

◉ 配色方案推荐

CMYK: 39-48-55-0 RGB: 174-141-114	CMYK: 48-68-99-10 RGB: 147-94-39	CMYK: 15-23-27-0 RGB: 224-203-185
CMYK: 76-85-92-71 RGB: 35-16-7	CMYK: 21-18-14-0 RGB: 210-207-211	CMYK: 74-45-100-5 RGB: 84-121-35

第 3 章

室内装饰设计的基础色

随着人类社会的进步和发展，人们对室内环境的要求也在不断地提高。在室内环境艺术设计中，色彩占有重要的地位。在室内装饰设计的基础色中，有彩色为红、橙、黄、绿、青、蓝、紫，无彩色为黑、白、灰。

CMYK: 47-35-83-0
RGB: 158-156-72

CMYK: 53-59-75-6
RGB: 139-109-75

CMYK: 85-66-58-17
RGB: 49-81-91

CMYK: 74-73-74-44
RGB: 61-53-49

CMYK: 1-92-92-0
RGB: 246-41-24

CMYK: 8-43-78-0
RGB: 240-168-64

CMYK: 78-83-91-70
RGB: 32-19-9

CMYK: 15-13-11-0
RGB: 222-220-221

CMYK: 41-38-36-0
RGB: 165-156-152

CMYK: 13-15-13-0
RGB: 227-219-216

CMYK: 58-4-97-0
RGB: 120-192-44

CMYK: 29-32-34-0
RGB: 193-175-161

3.1 红色

1 浅谈红色

　　红色在可见光中的波长最长。当人的目光接触到红色时，会加速脉搏的跳动，产生兴奋、激动、紧张的感觉。红色光很容易造成视觉疲劳，在室内配色中应尽量避免使用大面积的红色。红色又是很好的点缀色，与其他色调合理搭配，可以呈现出较为经典的效果。

　　正面关键词：喜庆、热烈、活力、兴旺、女性、生命、幸福、吉祥

　　负面关键词：邪恶、停止、警告、血腥、死亡、危险、极端

洋红	胭脂红	玫瑰红
CMYK: 24-98-29-0	CMYK: 19-100-69-0	CMYK: 11-94-40-0
RGB: 207-0-112	RGB: 215-0-64	RGB: 230-28-100

朱红	猩红	鲜红
CMYK: 9-85-86-0	CMYK: 11-99-100-0	CMYK: 19-100-100-0
RGB: 233-71-41	RGB: 0-100-92-10	RGB: 216-0-15

山茶红	浅玫瑰红	火鹤红
CMYK: 17-77-43-0	CMYK: 8-60-24-0	CMYK: 4-41-22-0
RGB: 220-91-111	RGB: 238-134-154	RGB: 245-178-178

鲑红	壳黄红	浅粉红
CMYK: 5-51-41-0	CMYK: 3-31-26-0	CMYK: 1-15-11-0
RGB: 242-155-135	RGB: 248-198-181	RGB: 252-229-223

博朗底酒红	机械红	威尼斯红
CMYK: 56-98-75-37	CMYK: 42-100-94-8	CMYK: 28-100-100-0
RGB: 102-25-45	RGB: 164-0-39	RGB: 200-8-21

宝石红	灰玫红	优品紫红
CMYK: 28-100-54-0	CMYK: 30-65-39-0	CMYK: 14-51-5-0
RGB: 200-8-82	RGB: 194-115-127	RGB: 225-152-192

2 红色点缀空间

该空间以白色作为主色调，白色的墙壁和地面看起来干净、清爽。由于色彩过于单一，于是采用红色的楼梯作为点缀，这样既能保证空间的明度，又使整个空间充满了色彩的变化。

◉ 配色方案推荐

CMYK: 33-100-100-1 RGB: 189-2-11	CMYK: 0-97-97-0 RGB: 249-5-4	CMYK: 7-1-30-0 RGB: 242-216-183
CMYK: 13-18-22-0 RGB: 228-213-198	CMYK: 87-79-65-44 RGB: 36-46-57	CMYK: 16-12-14-0 RGB: 220-220-217

3 红色彰显中式华丽

砖红色的墙壁搭配大红漆皮沙发，整个空间弥漫着浓厚的中式氛围，深咖啡色的吊顶和灰色的地面更增添了庄重的气息。

◉ 配色方案推荐

CMYK: 21-63-60-0 RGB: 212-121-95	CMYK: 41-92-87-7 RGB: 165-52-49	CMYK: 64-96-90-62 RGB: 61-9-15
CMYK: 79-75-85-60 RGB: 40-37-28	CMYK: 56-73-100-28 RGB: 113-69-20	CMYK: 55-64-59-5 RGB: 135-101-96

4 常见色分析

	鲜红：活泼	鲜红色在视觉上给人一种前进和扩张感，让人联想到兴奋与欢乐。
	洋红：现代	对于红色而言，洋红色少了几分刺激，多了几分柔和，更受大众的喜欢。它与纯度高的类似色相搭配，可以展现出更华丽、更有动感的效果。
	胭脂红：娇媚	胭脂红是女性的代表色，通常象征着女性的温柔、娇媚。
	玫瑰红：浪漫	玫瑰红象征着浪漫与甜蜜，色彩饱满、充满柔情，流露出含蓄的美感，华丽而不失典雅。
	火鹤红：温柔	火鹤红是很好的主色调，用其点缀房间，在视觉上给人以香甜、可爱的感觉。
	浅玫瑰红：可爱	浅玫瑰红给人以粉嫩、可爱、楚楚动人的感觉，在表现女性产品时常用到。
	朱红：积极	朱红是印泥的颜色，朱红搭配亮色，可以展现出十足的朝气，以及积极向上的情感。
	博朗底酒红：野性	博朗底酒红介于红色与紫色之间，热情洒脱，又有几分野性。

5 案例欣赏

3.2 橙色

1 浅谈橙色

橙色的波长仅次于红色。当人们看到橙色时，会产生活跃、欢乐且温度升高的感受。橙色往往象征着年轻与活力，也是暖色调中最温暖的色彩，能够让人联想到丰收的秋天、金色的麦浪，是一种富足、欢乐的色彩。

正面关键词：温暖、兴奋、欢乐、舒适、收获、美味

负面关键词：陈旧、隐晦、偏激、刺激

橘色	柿子橙	橙色
CMYK：8-80-90-0	CMYK：7-70-75-0	CMYK：7-70-97-0
RGB：234-85-32	RGB：237-110-61	RGB：237-109-0
阳橙	热带橙	蜜橙
CMYK：7-56-94-0	CMYK：5-51-80-0	CMYK：5-31-60-0
RGB：241-141-0	RGB：243-152-57	RGB：249-194-112
杏黄	沙棕	米色
CMYK：14-41-60-0	CMYK：9-19-19-0	CMYK：14-22-36-0
RGB：229-169-107	RGB：236-214-202	RGB：227-204-169
灰土	驼色	椰褐
CMYK：22-31-46-0	CMYK：37-52-71-0	CMYK：55-82-100-36
RGB：211-183-143	RGB：181-134-84	RGB：106-51-21
褐色	咖啡	橘红
CMYK：54-79-100-31	CMYK：59-69-98-28	CMYK：0-85-92-0
RGB：113-59-18	RGB：105-75-35	RGB：255-68-10
肤色	赭石	酱橙
CMYK：4-31-61-0	CMYK：18-54-83-0	CMYK：23-61-100-0
RGB：250-194-110	RGB：219-140-55	RGB：209-122-0

❷ 欢乐、温馨的客厅

该客厅采用了对比色系的配色方案，鲜艳的橙色使其显得温暖和欢乐。为了减少对比色搭配所产生的刺激感，设计师巧妙地利用了干净、温厚的灰色进行调和，使整个空间的色彩充满乐趣之余又不乏个性。

◉ 配色方案推荐

CMYK: 55-18-27-0	CMYK: 74-48-61-3	CMYK: 28-89-100-0
RGB: 126-181-189	RGB: 81-119-106	RGB: 200-59-4
CMYK: 0-57-90-0	CMYK: 1-85-98-0	CMYK: 52-59-62-2
RGB: 255-141-9	RGB: 245-68-0	RGB: 143-113-96

❸ 让人倍感温暖的橙色墙壁

阳橙色的墙壁给人一种温暖而阳光的感觉，使家居的温暖指数瞬间升级。

◉ 配色方案推荐

CMYK: 16-27-76-0	CMYK: 42-80-100-7	CMYK: 16-58-88-0
RGB: 229-194-77	RGB: 164-76-18	RGB: 223-134-42
CMYK: 30-43-48-0	CMYK: 16-13-7-0	CMYK: 45-87-100-12
RGB: 194-156-129	RGB: 220-220-229	RGB: 153-59-17

4 常见色分析

	橘色：甘甜	橘色让人联想到甘甜的橘子，可以刺激人的味蕾，在餐厅的色彩搭配中利用橘色作为点缀，可以促进食欲。
	阳橙：生机勃勃	阳橙色有庄严、尊贵、神秘之感。
	蜜橙：含蓄	蜜橙色的纯度相对较低，在给人温暖感觉的同时又多了几分含蓄。
	杏黄：羞涩	杏黄色的视觉感受较为柔和，倾向于灰色调，给人一种羞涩、内敛的感觉。
	柿子橙：天真	柿子橙让人联想到秋天丰收的柿子，那些高挂在枝头的柿子格外俏皮、可爱。
	米色：淳朴	米色可以体现出大自然的氛围，有着淳朴的色彩性格。
	驼色：雅致	驼色有着谦谦君子的儒雅气质。
	椰褐：古典	椰褐色是室内装饰设计中最常见的色彩，给人以温厚、自然的视觉感受。

5 案例欣赏

3.3 黄色

1. 浅谈黄色

黄色的明度较高，就算在高明度的配色方案中也能保持很强的亮度。可以说，黄色是所有色相中最能发光的色彩。黄色活泼、轻快，象征着年轻与希望。黄色还闪耀着金色的光芒，象征着财富与权力。太过明亮的黄色会被认为轻薄、冷淡、极端。

正面关键词：透明、辉煌、权力、开朗、阳光、热闹

负面关键词：廉价、恶俗、软弱、吵闹、色情、轻薄、骄傲

黄色
CMYK: 10-0-83-0
RGB: 255-255-0

铬黄
CMYK: 6-23-89-0
RGB: 253-208-0

金色
CMYK: 5-19-88-0
RGB: 255-215-0

茉莉黄
CMYK: 4-17-60-0
RGB: 254-221-120

奶黄
CMYK: 2-11-35-0
RGB: 255-234-180

香槟黄
CMYK: 4-3-40-0
RGB: 255-248-177

月光黄
CMYK: 7-2-68-0
RGB: 255-244-99

万寿菊黄
CMYK: 5-42-92-0
RGB: 247-171-0

鲜黄
CMYK: 7-3-86-0
RGB: 255-241-0

含羞草黄
CMYK: 14-18-79-0
RGB: 237-212-67

芥末黄
CMYK: 23-22-70-0
RGB: 214-197-96

黄褐
CMYK: 31-48-100-0
RGB: 196-143-0

卡其黄
CMYK: 40-50-96-0
RGB: 176-136-39

柠檬黄
CMYK: 17-0-84-0
RGB: 240-255-0

香蕉黄
CMYK: 6-13-87-0
RGB: 255-225-0

金发黄
CMYK: 22-22-76-0
RGB: 219-199-81

灰菊色
CMYK: 16-12-44-0
RGB: 227-220-161

土著黄
CMYK: 36-33-89-0
RGB: 186-168-52

2 活跃空间气氛的墙壁色彩

该客厅采用高明度的配色方案，白色的墙壁搭配亚麻色的沙发，整个空间干净又不失温和之感。墙壁上的黄色点缀和花纹抱枕相映成趣。

◉ 配色方案推荐

CMYK: 20-19-80-0
RGB: 224-205-67

CMYK: 28-29-39-0
RGB: 197-181-156

CMYK: 6-8-17-0
RGB: 245-238-219

CMYK: 30-81-45-0
RGB: 194-79-106

CMYK: 48-12-26-0
RGB: 146-197-197

CMYK: 60-66-71-17
RGB: 113-88-72

3 散发温暖的黄色调

以正黄色作为墙壁的色彩，使整个空间温暖又明亮，搭配以黄色系的沙发，色调和谐、明快，处处彰显家居的温馨。

◉ 配色方案推荐

CMYK: 4-24-86-0
RGB: 255-206-32

CMYK: 17-18-50-0
RGB: 225-210-145

CMYK: 52-57-75-4
RGB: 142-115-77

CMYK: 1-60-93-0
RGB: 249-133-3

CMYK: 39-62-91-1
RGB: 175-113-48

CMYK: 28-28-30-0
RGB: 196-183-172

4 常见色分析

	黄色：温暖	黄色是典型的暖色调，给人以温暖的感觉。
	铬黄：活力	铬黄色有些偏橙色，蕴含着快乐与活力。
	茉莉黄：柔和	茉莉黄气质温和，可以使人的心情放松。
	奶黄：单纯	奶黄色的明度较高，简单、明快，气质较为单纯。
	香槟黄：轻盈	低纯度、高明度的香槟黄给人一种轻盈、漂浮之感。
	柠檬黄：纯粹	柠檬黄率性独特，有着清新、明亮的性质。它带有一定的荧光性，给人一种前进感。
	卡其黄：乡土	卡其色是一种中性色，让人有亲近感。
	黄褐：温厚	黄褐色给人一种恬静而怀念的印象，搭配较深色彩，可以描绘出微妙的温厚感。
	鲜黄：轻快	鲜黄色让人感觉到翱翔的释放感，充满了快乐、活力与希望。

5 案例欣赏

3.4 绿色

1 浅谈绿色

绿色源于自然，是一种宁静、平和的色彩，象征着自然与和平。绿色富有生机，给人放松的感觉。自然的绿色对于克服疲劳和消除负面情绪有一定的作用。

正面关键词：和平、自然、环保、生命、生机、希望、青春

负面关键词：土气、庸俗、愚钝、沉闷

黄绿	苹果绿	嫩绿
CMYK: 33-5-95-0	CMYK: 47-14-98-0	CMYK: 42-5-70-0
RGB: 196-215-0	RGB: 158-189-25	RGB: 169-208-107
叶绿	草绿	苔藓绿
CMYK: 55-28-78-0	CMYK: 42-13-70-0	CMYK: 56-45-93-1
RGB: 135-162-86	RGB: 170-196-104	RGB: 136-134-55
橄榄绿	常春藤绿	钴绿
CMYK: 66-60-100-22	CMYK: 79-42-80-3	CMYK: 62-6-66-0
RGB: 98-90-5	RGB: 61-125-83	RGB: 106-189-120
碧绿	绿松石绿	青瓷绿
CMYK: 75-8-75-0	CMYK: 71-15-52-0	CMYK: 56-13-47-0
RGB: 21-174-105	RGB: 66-171-145	RGB: 123-185-155
孔雀石绿	薄荷绿	铬绿
CMYK: 82-29-82-0	CMYK: 87-43-83-4	CMYK: 89-51-77-13
RGB: 0-142-87	RGB: 0-120-80	RGB: 0-101-80
孔雀绿	抹茶绿	枯叶绿
CMYK: 85-40-58-0	CMYK: 36-22-66-0	CMYK: 39-21-57-0
RGB: 0-128-119	RGB: 183-186-107	RGB: 174-186-127

2 亲近自然的绿色居室

该空间以绿色作为主色调，黄绿色的墙壁给人一种亲近自热的感觉。

◉ 配色方案推荐

CMYK: 54-29-100-0 RGB: 142-160-30	CMYK: 28-12-80-0 RGB: 206 210 72	CMYK: 9-0-47-0 RGB: 247-247-161
CMYK: 38-40-73-0 RGB: 178-155-87	CMYK: 61-74-91-37 RGB: 93-61-36	CMYK: 39-40-79-0 RGB: 176-153-75

3 变化丰富的卧室配饰

该卧室采用类似色系的配色方案，青色的床上用品和绿色的墙壁相互映衬，整个空间色调和谐且变化丰富。

◉ 配色方案推荐

CMYK: 34-17-73-0 RGB: 190-196-94	CMYK: 64-36-89-0 RGB: 114-144-67	CMYK: 94-69-42-3 RGB: 0-84-120
CMYK: 62-20-34-0 RGB: 106-172-174	CMYK: 69-83-80-57 RGB: 60-33-31	CMYK: 2-16-38-0 RGB: 255-225-171

④ 常见色分析

	黄绿：无拘束	黄绿色是一种活泼的色彩，既有绿色的诚恳，又有黄色的欢乐，呈现出悠然自在的感觉。
	苹果绿：新鲜	苹果绿是一种新鲜、水嫩的色彩，有着独特的青春气息。
	叶绿：自然	叶绿色倾向于灰色调，给人一种温和、柔弱之感。
	草绿：茁壮	草绿色是放松系色彩，让人联想到春日里的小草，有着顽强的生命力。
	橄榄绿：诚恳	橄榄绿是一种应用较为广泛的色彩，给人一种非常诚恳的印象。
	常春藤绿：安心	常青藤绿是一种含灰色的绿色，宁静、平和，就像暮色中的森林或晨雾中的田野。
	碧绿：清秀	碧绿色中蕴含着青色，给人一种清秀、可人的感觉。
	薄荷绿：豁达	薄荷绿象征着夏天作物的茂盛、健壮与成熟。

⑤ 案例欣赏

3.5 青色

1 浅谈青色

青色是一种介于蓝色和绿色之间的色彩，由绿色光与蓝色光等量混合。在我国古代，青色有着极为重要的意义，传统的器物和服饰常常采用青色，代表着坚强、希望、古朴和庄重。当青色的面积过大时，会给人以压抑、消极之感。

正面关键词：清脆、伶俐、欢快、劲爽、淡雅

负面关键词：冰冷、沉闷、华而不实、不纯粹

蓝鼠	砖青	铁青
CMYK: 70-51-32-0	CMYK: 67-46-18-0	CMYK: 89-83-44-8
RGB: 95-120-150	RGB: 100-131-176	RGB: 52-64-105

鼠尾草	深青灰	天青
CMYK: 72-54-15-0	CMYK: 96-74-40-3	CMYK: 50-13-3-0
RGB: 88-117-173	RGB: 0-78-120	RGB: 135-196-237

群青	石青	浅天色
CMYK: 99-84-10-0	CMYK: 84-48-11-0	CMYK: 38-7-14-0
RGB: 0-61-153	RGB: 0-121-186	RGB: 0-121-186

青蓝	天色	瓷青
CMYK: 80-42-22-0	CMYK: 46-14-12-0	CMYK: 37-1-17-0
RGB: 40-131-176	RGB: 149-196-219	RGB: 175-224-224

青灰	白青	浅葱色
CMYK: 61-36-30-0	CMYK: 14-1-6-0	CMYK: 38-5-15-0
RGB: 116-149-166	RGB: 228-244-245	RGB: 171-217-224

淡青色	水青	藏青
CMYK: 14-0-5-0	CMYK: 62-7-15-0	CMYK: 100-100-59-22
RGB: 225-255-25	RGB: 88-195-224	RGB: 0-25-84

②★ 清爽、干净的青色墙壁

该客厅采用了高明度的配色方案，白色与淡青色的搭配使整个空间显得清爽、干净。

◎ 配色方案推荐

CMYK: 70-43-34-0 RGB: 91-133-154	CMYK: 86-100-52-11 RGB: 75-22-91	CMYK: 80-77-51-15 RGB: 71-68-93
CMYK: 50-37-26-0 RGB: 145-154-171	RGB: 10-16-30-0 RGB: 236-219-186	RGB: 55-68-77-14 RGB: 128-89-66

③★ 青色壁画增添了卧室的艺术氛围

该卧室采用了中明度的色彩基调，墙上的青色壁画为卧室增添了艺术气息，彰显了房间主人的品位与眼光。

◎ 配色方案推荐

CMYK: 38-29-22-0 RGB: 172-175-185	CMYK: 73-12-23-0 RGB: 15-178-203	CMYK: 92-65-72-35 RGB: 5-67-64
CMYK: 62-56-63-6 RGB: 116-109-94	CMYK: 50-51-62-1 RGB: 148-128-102	CMYK: 10-18-16-0 RGB: 233-215-209

4 常见色分析

	天：辽阔	天色是地中海风格室内装饰设计中常用的色彩，让人联想到碧海和蓝天。
	铁青：古朴	铁青色更接近于蓝色，有着古朴、单纯的性质。
	瓷青：脱俗	瓷青色给人淡雅的印象，具有骄傲、华丽的性质，有轻薄、神秘感。
	群青：松弛	群青色鲜亮、明快，是一种活泼的色彩，可以使人们的心情放松，迎合人们追求变化的心理。
	砖青：温润	砖青色中含有少量的灰色，给人一种柔和、温润的视觉感受。
	青蓝：依赖	色调的变化使青色呈现出不同的表现效果，青蓝色能给人以依赖感。
	浅葱色：利落	由于白色的成分比较多，浅葱色给人一种利落、纯粹的感觉。
	淡青：明亮	淡青色的明度很高，应用在室内空间中可以提升空间的明度，作为点缀色可以增加空间的活泼之感。

5 案例欣赏

3.6 蓝色

1 浅谈蓝色

蓝色在生活中最为常见，天空是蓝色的，海洋是蓝色的。蓝色通常代表了男性的特征，有永恒与安定之感。蓝色也是深受大众喜爱的色彩，象征着智慧、政治与科技。

正面关键词：纯净、冷静、睿智、广阔、沉稳、专业

负面关键词：无情、寂寞、阴森、严格、古板、冰冷

天蓝	蓝色	蔚蓝
CMYK：80-50-0-0	CMYK：92-75-0-0	CMYK：84-46-25-0
RGB：0-127-255	RGB：0-0-255	RGB：0-123-167

普鲁士蓝	矢车菊蓝	深蓝
CMYK：100-88-54-23	CMYK：64-38-0-0	CMYK：100-86-0-0
RGB：0-49-83	RGB：100-149-237	RGB：0-0-200

丹宁布色	道奇蓝	国际旗道蓝
CMYK：88-62-0-0	CMYK：75-40-0-0	CMYK：100-88-0-0
RGB：21-96-189	RGB：30-144-255	RGB：0-47-167

午夜蓝	皇室蓝	浓蓝色
CMYK：100-91-47-9	CMYK：79-60-0-0	CMYK：92-65-44-4
RGB：0-51-102	RGB：65-105-225	RGB：0-90-120

蓝黑	玻璃蓝	岩石蓝
CMYK：100-99-62-42	CMYK：92-74-8-0	CMYK：59-31-20-0
RGB：5-23-59	RGB：26-79-163	RGB：117-159-189

水晶蓝	冰蓝	爱丽丝蓝
CMYK：32-6-7-0	CMYK：16-1-2-0	CMYK：8-2-0-0
RGB：185-220-237	RGB：223-242-251	RGB：240-248-255

②庄重、严肃的客厅氛围

蓝灰色冷静、沉稳。该空间使用蓝灰色作为客厅的点缀，使人感觉冷静、严肃。

◎ 配色方案推荐

CMYK: 82-67-51-10
RGB: 63-84-103

CMYK: 76-58-42-1
RGB: 81-106-128

CMYK: 86-78-69-49
RGB: 35-43-49

CMYK: 47-51-52-0
RGB: 154-129-117

CMYK: 73-65-62-18
RGB: 83-83-83

CMYK: 5-7-7-0
RGB: 245-240-237

③活跃空间气氛的天蓝色

以蓝色系为主的配色方案与太空主题的壁画给人一种梦幻的感觉，柔和的黄色灯光减少了蓝色的冰冷感。

◎ 配色方案推荐

CMYK: 67-33-0-0
RGB: 79-156-250

CMYK: 78-72-47-7
RGB: 79-80-107

CMYK: 100-90-42-5
RGB: 0-54-110

CMYK: 6-29-90-0
RGB: 250-195-10

CMYK: 13-76-99-0
RGB: 227-93-7

CMYK: 43-34-41-0
RGB: 162-161-147

4 常见色分析

	天蓝：活泼	天蓝色是一种比较活泼的色彩，是其他蓝色所无法比拟的。
	深蓝：坚定	深蓝色通常用来象征男性成熟、坚定的品质。
	蔚蓝：厚重	蔚蓝色相对厚重，有着理智且传统的色彩性格。
	矢车菊蓝：纯粹	矢车菊蓝与青色很接近，这让它同时具有了青色的清爽和蓝色的深邃。
	国际旗道蓝：时尚	国际旗道蓝是一种鲜亮的蓝色，醒目、张扬。
	普鲁士蓝：庄重	低明度的普鲁士蓝色给人以沉着、冷静、庄重的印象。
	水晶蓝：清凉	水晶蓝是日常生活中常见的色彩，亲近感强，是女孩子和婴儿的代表色。
	皇室蓝：格调	皇室蓝可以表现出理智和权威性，是格调很高的色彩，会让人感觉到倨傲的气势。

5 案例欣赏

3.7 紫色

1 浅谈紫色

　　紫色是有彩色中明度最低的色彩。在西方，紫色深受贵族的喜爱，象征着尊贵。在我国古代，紫色并非正色，但是有吉祥与富贵之意象，如紫禁城、紫气东来等。

　　正面关键词：妩媚、高贵、梦幻、庄重、昂贵、神圣

　　负面关键词：冰冷、严厉、距离、神秘

紫藤
CMYK: 66-71-12-0
RGB: 115-91-159

木槿紫
CMYK: 63-77-8-0
RGB: 124-80-157

铁线莲紫
CMYK: 18-29-13-0
RGB: 216-191-203

丁香紫
CMYK: 32-41-4-0
RGB: 187-161-203

薰衣草紫
CMYK: 43-51-14-0
RGB: 166-136-177

水晶紫
CMYK: 62-81-25-0
RGB: 126-73-133

紫色
CMYK: 54-87-9-0
RGB: 146-61-146

矿紫
CMYK: 27-34-16-0
RGB: 197-175-192

三色堇紫
CMYK: 58-100-42-2
RGB: 139-0-98

锦葵紫
CMYK: 22-71-8-0
RGB: 211-105-164

蓝紫
CMYK: 23-57-17-0
RGB: 209-136-168

淡紫丁香
CMYK: 8-15-6-0
RGB: 237-224-230

浅灰紫
CMYK: 46-49-28-0
RGB: 157-137-157

江户紫
CMYK: 68-71-14-0
RGB: 111-89-156

紫鹃紫
CMYK: 36-62-26-0
RGB: 181-119-149

蝴蝶花紫
CMYK: 58-100-43-3
RGB: 138-0-96

靛青
CMYK: 88-100-31-0
RGB: 75-0-130

蔷薇紫
CMYK: 20-49-10-0
RGB: 214-153-186

② 散发成熟魅力的紫色

深紫色的床单优雅、端庄，散发着成熟的魅力。

◉ 配色方案推荐

CMYK: 65-86-38-1 RGB: 120-64-113	CMYK: 73-91-50-17 RGB: 90-48-86	CMYK: 74-78-69-44 RGB: 64-48-53
CMYK: 136-136-148 RGB: 54-45-35-0	CMYK: 170-185-190 RGB: 39-23-23-0	CMYK: 126-131-108 RGB: 59-46-60-1

③ 俏皮可爱的卧室搭配

低纯度的紫色给人以温和、可爱之感，淡紫色的床上用品和墙壁相互映衬。

◉ 配色方案推荐

CMYK: 87-94-53-27 RGB: 55-39-76	CMYK: 53-50-14-0 RGB: 141-132-178	CMYK: 62-59-49-1 RGB: 119-108-115
CMYK: 57-62-66-8 RGB: 127-102-86	CMYK: 50-40-29-0 RGB: 144-147-162	CMYK: 27-18-12-0 RGB: 196-202-214

④ 常见色分析

铁线莲紫：柔情	倾向于灰色调的铁线莲紫隐约有几分淡雅和温柔。
丁香紫：浪漫	浪漫的丁香紫有着独特的气质，让人联想到春日中盛开的丁香花。
薰衣草紫：唯美	薰衣草紫让人联想到大片的薰衣草田，芬芳美丽，流露出唯美的气质。
紫色：高雅	紫色高贵、典雅，具有王室气质，但也有诡异、邪恶的性质。
三色堇紫：妩媚	三色堇紫与红色搭配，可以营造出和谐统一、又富有变化的效果。
蔷薇紫：怀旧	蔷薇紫是一种低纯度的淡紫色，从中可以感觉到亲切与怀旧的意象。
淡丁香紫：脆弱	淡丁香紫非常柔和、明亮，有着脆弱的性质。
浅灰紫：朴实	浅灰紫中的灰色成分较高，通常会作为辅助色出现，有沉稳、朴实的性质。

⑤ 案例欣赏

3.8 黑、白、灰色

 黑色

黑色是一种强大、有个性的色彩，可以庄重、高雅，也可以诡异、阴暗，不同场合的黑色给人以不同的视觉感受。在一些国家中，黑色被视为不祥的色彩，代表着死亡、悲伤或憎恨。

正面关键词：纯粹、大气、豪华、庄严、正式

负面关键词：恐怖、阴暗、沉闷、暴力、憎恨

在黑色背景下使用的其他色彩，即使面积不大，但由于黑色衬托、放大的特性，其他色彩较容易引起观者的注意，从而可以充分发挥设计的意图。

◉ 配色方案推荐

CMYK: 88-84-84-74	CMYK: 83-78-80-63	CMYK: 71-63-60-14
RGB: 12-12-12	RGB: 30-30-28	RGB: 89-89-89
CMYK: 38-30-29-0	CMYK: 81-68-68-32	CMYK: 49-30-32-0
RGB: 171-171-171	RGB: 55-67-67	RGB: 147-165-167

② **成熟、稳重的黑色装饰**

以黑色与白色进行搭配，黑色的家具更显得棱角分明，流露出男性化的稳重与成熟。

◉ 配色方案推荐

CMYK: 90-86-87-77	CMYK: 24-18-18-0
RGB: 7-6-4	RGB: 203-203-203
CMYK: 57-64-65-9	CMYK: 39-35-36-0
RGB: 126-98-86	RGB: 170-163-155

3 白色

白色是无彩色中明度最高的色彩，堪称理想之色。白色与高明度的色彩相搭配，可以让色彩的明度更高；白色与低明度的色彩相搭配，可以让色彩的对比更强烈。在室内空间配色中，白色可以让空间看起来更整洁、宽敞、明亮。

正面关键词：纯洁、干净、神圣、单纯、纯真

负面关键词：苍白、空洞、哀伤、冷淡、虚无

白色是光明的代名词。一提起白色，就会将其与明亮、干净、朴素、雅致等词汇联系在一起。当空间使用白色作为主色调时，不仅可以使空间显得明亮、欢快，还可以将主体凸显出来。

◉ 配色方案推荐

CMYK: 8-7-6-0	CMYK: 29-20-18-0	CMYK: 40-43-43-0
RGB: 329-237-238	RGB: 193-198-202	RGB: 170-148-137
CMYK: 24-16-16-0	CMYK: 62-77-73-32	CMYK: 75-59-53-6
RGB: 202-206-207	RGB: 96-61-57	RGB: 81-101-108

4 干净、轻盈的白色空间

该空间以白色作为主色调，干净而又轻盈。为了减少过多浅色调的轻浮感，以深色作为地板的用色，二者相互搭配，相得益彰。

◉ 配色方案推荐

CMYK: 41-27-32-0	CMYK: 0-0-0-0
RGB: 166-176-170	RGB: 255-255-255
CMYK: 57-61-86-12	CMYK: 74-62-59-12
RGB: 125-100-58	RGB: 82-92-94

5 灰色

灰色穿行于黑、白两色之间，是一种中性色，可以被大致分为深灰和浅灰。灰色没有黑色与白色的纯粹、直接，但是有一种婉约之美。深灰色坚强、有力，浅灰色柔和、谦虚。

正面关键词：时尚、低调、现代、中性、谦虚、平凡

负面关键词：压抑、烦躁、肮脏、忧郁、消极、沉默

10%亮灰
CMYK: 12-9-9-0
RGB: 230-230-230

20%银灰
CMYK: 23-17-17-0
RGB: 205-205-205

30%银灰
CMYK: 34-27-26-0
RGB: 180-180-180

40%灰
CMYK: 45-37-35-0
RGB: 155-155-155

50%灰
CMYK: 56-47-45-0
RGB: 130-130-130

60%灰
CMYK: 68-60-57-7
RGB: 100-100-100

70%昏灰
CMYK: 74-68-65-24
RGB: 75-75-75

80%炭灰
CMYK: 79-74-72-46
RGB: 50-50-50

90%暗灰
CMYK: 85-80-79-66
RGB: 25-25-25

6 低调、奢华的灰色美感

该空间以灰色作为主色调，利用明度和纯度的变化，增加了空间的层次感。奢华的装饰和以灰色为主的配色方案，使整个空间呈现出低调而华丽的美感。

◎ 配色方案推荐

CMYK: 47-44-55-0
RGB: 153-141-117

CMYK: 66-58-64-9
RGB: 103-102-90

CMYK: 68-65-76-26
RGB: 88-79-62

CMYK: 78-82-89-69
RGB: 33-21-13

7 案例欣赏

第 4 章

各种室内构件的色彩搭配

室内装饰设计是当下最时尚的学科之一，是人们用意识主导的设计，体现了对未来美好生活的向往和憧憬。因此，室内装饰设计的气氛尤为重要，构成室内装饰设计的构件有很多，本章主要从吊顶、墙面、地面、家具和陈设等方面来讲解室内陈设的色彩搭配。无论是哪一种构件，只有和谐、统一，才能表现出独特的魅力与品位。

CMYK: 36-38-38-0
RGB: 172-159-150

CMYK: 68-65-72-23
RGB: 89-83-71

CMYK: 20-20-21-0
RGB: 209-202-196

CMYK: 38-23-22-0
RGB: 175-184-189

CMYK: 69-60-58-8
RGB: 97-99-98

CMYK: 57-64-54-3
RGB: 124-102-104

CMYK: 80-79-65-40
RGB: 56-53-62

CMYK: 59-82-69-27
RGB: 96-60-64

CMYK: 14-67-96-0
RGB: 201-114-34

CMYK: 66-67-70-23
RGB: 91-81-72

CMYK: 49-46-53-0
RGB: 145-136-119

CMYK: 44-66-79-4
RGB: 146-103-71

4.1 吊顶

吊顶，是指室内屋顶的设计。虽然吊顶看似不常用，却是室内装饰设计中不可缺少的一部分。对吊顶进行装饰，不仅能美化室内环境，还能营造出丰富多彩的室内空间艺术形象，也可以将灯具安装到吊顶内部，让屋顶更明亮。根据装饰板的材料不同，吊顶的分类也不同。

1 平面吊顶

平面吊顶的表面没有任何造型和层次，顶面构造平整、简洁、利落、大方，适用于各种居室的集成吊顶装饰。它常用各种类型的装饰板材拼接而成，也可以表面刷浆、喷涂、裱糊壁纸、墙布等。

2 异型吊顶

异型吊顶最显著的特点是本身没有明显的规则，造型复杂，富于变化，层次感强，适用于客厅、门厅、餐厅等顶面装饰，常与灯具（吊灯、吸顶灯、筒灯、射灯等）搭接使用。

3 混搭吊顶

使用任意两种以上的吊顶或使用材料在两种以上的吊顶就是混搭吊顶。建议房高在2.8米以上再考虑使用此类吊顶，否则容易使空间显得压抑。

4 穹形吊顶

穹形吊顶是形状上类似穹形的吊顶，比较适合于举架非常高的空间，否则会有压迫感。

⑤ 多层吊顶增加空间的层次感

采用多层吊顶，使原本空旷的空间增加了层次感。多边形的吊顶迎合了空间的形状，与客厅的窗户位置相互呼应。

◉ 配色方案推荐

CMYK: 51-80-92-21 RGB: 131-67-42	CMYK: 51-74-67-9 RGB: 141-84-77	CMYK: 12-56-80-0 RGB: 230-139-58
CMYK: 23-36-77-0 RGB: 213-173-75	CMYK: 7-91-75-0 RGB: 236-50-55	CMYK: 7-17-14-0 RGB: 239-220-214
CMYK: 17-12-10-0 RGB: 219-220-224	CMYK: 9-40-64-0 RGB: 239-173-99	CMYK: 26-25-65-0 RGB: 207-190-108

CMYK: 53-55-77-4 RGB: 140-117-76	CMYK: 27-25-32-0 RGB: 197-188-171	CMYK: 43-59-82-2 RGB: 165-118-66
CMYK: 78-81-81-64 RGB: 39-28-26	CMYK: 58-63-71-12 RGB: 121-96-76	CMYK: 41-46-55-0 RGB: 168-142-115

⑥ 不显压抑的黑色吊顶

餐厅采用了黑色的木质吊顶。在室内配饰中使用大面积的黑色，会使空间显得过于压抑。但是在该空间中由于采用了黑白对比的配色方案，大面积的白色冲淡了黑色的压抑之感，使该空间显得个性而时尚。

◉ 配色方案推荐

CMYK: 64-69-63-16 RGB: 106-82-82	CMYK: 16-71-43-0 RGB: 222-107-115	CMYK: 93-88-89-80 RGB: 0-0-0
CMYK: 70-66-98-39 RGB: 74-66-33	CMYK: 88-74-86-64 RGB: 16-33-25	CMYK: 83-89-80-59 RGB: 37-24-37
CMYK: 78-80-64-39 RGB: 61-49-61	CMYK: 58-52-41-0 RGB: 127-123-133	CMYK: 18-6-28-0 RGB: 222-230-197

CMYK: 87-84-87-75 RGB: 15-11-8	CMYK: 23-35-51-0 RGB: 209-175-130	CMYK: 48-66-86-7 RGB: 150-99-56
CMYK: 28-26-28-0 RGB: 196-187-178	CMYK: 10-10-10-0 RGB: 234-230-227	CMYK: 61-91-95-56 RGB: 73-24-17

7 案例欣赏

4.2 墙面

墙面是室内装饰设计中非常重要的一部分，墙面的颜色、材料、样式直接影响到整体的设计效果。

常见的墙面设计方法有几种，很多人都只是采用了其中的一种。墙面设计方法包括以下几类。

① 贴面类

贴面类墙面是面层材料预制，耐久性强，施工方便，质量高，装饰效果好。它要求材料坚固、耐久、色泽稳定、耐腐蚀，防水、防火和抗冻，一般分为陶质、炻质和瓷质。

② 涂料类

涂料类墙面主要分为两种，分别是无机涂料和有机涂料。有机涂料依其主要成膜物质与稀释剂的不同，有溶剂型涂料、水溶性涂料和乳液涂料三类。建筑涂料的施涂方法一般分为刷涂、滚涂和喷涂。涂料的色彩比较多，可以很好地营造空间效果，如橙色的墙面、粉色的墙壁灯等。

③ 壁纸类

壁纸类墙面是近些年非常流行的一种墙面装饰方法，可以有效地解决墙面单调的问题，而且壁纸的花纹、色彩、材料各式各样，价格也比较便宜。

④ 铺装类

铺装类墙面是将各种材料板镶钉在墙面上的装饰方法，由骨架和面板两部分组成。近几年流行的木地板铺墙面、铺吊顶，使用的就是这种方法。

5 贴近自然的贴面类墙面

该空间是以原石为墙面装饰，原石的色彩为棕黄色，与整体空间的色调相统一，中性色系的配色方案给人以自然、淳朴的感觉。

◉ 配色方案推荐

CMYK: 51-33-29-0
RGB: 142-160-170

CMYK: 17-7-7-0
RGB: 219-230-236

CMYK: 40-67-93-2
RGB: 173-104-45

CMYK: 39-41-46-0
RGB: 173-152-133

CMYK: 53-59-75-6
RGB: 138-109-75

CMYK: 62-87-99-56
RGB: 71-29-13

CMYK: 68-71-72-32
RGB: 83-66-60

CMYK: 22-24-25-0
RGB: 208-195-186

CMYK: 46-54-54-0
RGB: 157-125-112

CMYK: 77-72-74-43
RGB: 56-55-51

CMYK: 73-78-77-53
RGB: 56-41-38

CMYK: 23-26-41-0
RGB: 209-186-154

CMYK: 72-54-100-17
RGB: 84-100-18

CMYK: 71-64-62-16
RGB: 88-87-85

CMYK: 64-74-77-35
RGB: 89-62-52

6 清爽、素雅的涂料类墙面

该卧室采用了高明度的配色方案，白色的墙壁与淡青色的床上用品给人以清爽、素雅的感觉。

◉ 配色方案推荐

CMYK: 20-4-4-0
RGB: 213-233-244

CMYK: 74-29-22-0
RGB: 56-153-188

CMYK: 69-0-35-0
RGB: 39-195-191

CMYK: 33-27-28-0
RGB: 184-181-176

CMYK: 62-43-21-0
RGB: 113-138-175

CMYK: 66-0-23-0
RGB: 26-208-221

CMYK: 18-9-22-0
RGB: 220-225-206

CMYK: 29-20-18-0
RGB: 193-197-200

CMYK: 32-18-56-0
RGB: 192-197-131

CMYK: 34-15-20-0
RGB: 182-203-204

CMYK: 67-45-49-0
RGB: 101-129-127

CMYK: 30-39-34-0
RGB: 193-164-156

CMYK: 61-48-38-0
RGB: 120-128-141

CMYK: 39-42-39-0
RGB: 171-150-145

CMYK: 23-19-22-0
RGB: 206-202-195

7 增添生活情趣的壁纸类墙面

该空间以白色作为主色调，以深色调作为空间的点缀，这样的设计给人一种干净又不失稳重之感，小面积的壁纸是整个空间的点睛之笔。

 配色方案推荐

CMYK: 89-83-65-46
RGB: 32-41-55

CMYK: 66-62-61-11
RGB: 103-95-91

CMYK: 29-23-23-0
RGB: 191-190-188

CMYK: 92-86-75-66
RGB: 12-20-28

CMYK: 72-82-64-37
RGB: 74-49-61

CMYK: 16-13-9-0
RGB: 220-219-224

CMYK: 93-68-77-47
RGB: 0-54-49

CMYK: 67-81-69-39
RGB: 82-50-55

CMYK: 97-94-73-67
RGB: 3-8-27

CMYK: 56-74-96-29
RGB: 110-67-35

CMYK: 86-80-55-25
RGB: 50-57-80

CMYK: 63-56-68-7
RGB: 113-109-87

CMYK: 37-31-6-0
RGB: 175-175-210

CMYK: 74-68-80-40
RGB: 64-63-49

CMYK: 74-95-72-61
RGB: 49-13-31

8 自然本色的铺装类墙面

该空间以"树"为主题，带有树纹理的墙面装饰搭配深褐色的窗帘及树的壁画，整个房间充满了自然的气息，居住者仿佛是在自然中安然入睡。

配色方案推荐

CMYK: 69-83-96-62
RGB: 54-27-12

CMYK: 55-71-87-21
RGB: 121-78-49

CMYK: 77-84-86-69
RGB: 35-20-16

CMYK: 39-48-48-0
RGB: 174-141-125

CMYK: 7-15-18-0
RGB: 241-224-209

CMYK: 73-73-77-46
RGB: 61-52-45

CMYK: 69-68-88-39
RGB: 77-65-41

CMYK: 77-71-92-55
RGB: 47-46-27

CMYK: 78-64-64-21
RGB: 66-81-81

CMYK: 24-20-32-0
RGB: 206-201-177

CMYK: 37-65-91-1
RGB: 180-109-48

CMYK: 51-73-72-13
RGB: 137-82-69

CMYK: 68-67-68-23
RGB: 91-79-72

CMYK: 49-49-49-0
RGB: 149-132-124

CMYK: 67-60-58-7
RGB: 103-100-98

9 案例欣赏

4.3 地面

只要进入房间的那一刻就会用到地面，地面的重要性不言而喻。地面主要以地板、地砖等材料进行设计，如今越来越重视其美观性，如很多别墅在地面上铺装漂亮的大理石拼花地砖等。

1 地板

地板由木料或其他材料做成。按地板的材质和用途可以分为实木地板、实木复合地板、强化复合地板、软木地板、地热采暖地板等。

2 地砖

地砖作为一种大面积铺设的地面材料，利用其自身的色彩、质地，营造出风格迥异的居室环境。地砖的特点有很多，如质坚、容重小、耐压、耐磨、防潮等，多被用于公共建筑和民用建筑的地面和楼面。地砖按材质可分为釉面砖、防滑砖、抛光砖、玻化砖等。

3 地毯

与地砖不同，地毯最大的特点在于比较柔软，可以保持静音状态，常被用于会议室地面、儿童房地面等。地毯的种类有很多，可以分为长毛绒地毯、天鹅绒地毯、萨克森地毯、强捻地毯、长绒头地毯等。

④ 色彩丰富的地砖

该空间以白色作为主色调，明亮而干净，但是太多的白色不免会令人感到空洞、乏味。设计师巧妙地利用多色地砖作为空间的点缀，使整个空间不仅看上去整洁、有序，还有几分欢乐的气息。

◉ 配色方案推荐

CMYK: 65-34-29-0 RGB: 101-150-171	CMYK: 39-15-16-0 RGB: 169-199-210	CMYK: 87-63-48-6 RGB: 40-92-114
CMYK: 87-75-69-44 RGB: 35-50-55	CMYK: 71-60-100-28 RGB: 81-82-32	CMYK: 30-35-30-0 RGB: 191-170-167
CMYK: 100-100-65-53 RGB: 12-11-45	CMYK: 82-67-67-30 RGB: 52-70-70	CMYK: 53-55-74-4 RGB: 140-117-80

CMYK: 37-30-45-0 RGB: 178-173-144	CMYK: 72-63-73-23 RGB: 81-83-69	CMYK: 65-57-86-14 RGB: 104-101-60
CMYK: 47-59-97-4 RGB: 157-113-42	CMYK: 24-19-25-0 RGB: 204-202-190	CMYK: 26-33-43-0 RGB: 202-177-146

⑤ 与家具相映成趣的地毯

在这间客厅中，不难发现茶几、沙发和地毯的色彩是同一色系，这样的设计使室内的色调统一而又有格调。

◉ 配色方案推荐

CMYK: 70-86-35-1 RGB: 110-63-117	CMYK: 95-84-47-13 RGB: 29-59-97	CMYK: 43-34-24-0 RGB: 162-163-177
CMYK: 88-86-55-27 RGB: 49-49-77	CMYK: 84-40-60-1 RGB: 6-128-117	CMYK: 41-1-62-0 RGB: 172-215-12
CMYK: 64-59-56-5 RGB: 111-104-103	CMYK: 68-88-92-63 RGB: 55-21-14	CMYK: 43-61-74-1 RGB: 167-115-77

CMYK: 34-33-44-0 RGB: 184-170-144	CMYK: 67-72-70-30 RGB: 87-67-63	CMYK: 6-13-16-0 RGB: 242-227-214
CMYK: 86-72-66-37 RGB: 38-59-64	CMYK: 55-35-29-0 RGB: 131-154-168	CMYK: 73-25-20-0 RGB: 54-160-196

6 案例欣赏

4.4 家具

家具是指在室内摆放的用来方便生活的器具，如床、橱、桌子、沙发等。家具不仅要突出实用性，而且要与室内的装饰风格相匹配。

家具设计的最基本原则就是以人为本。只有人性化的设计才能适应于人、便利于人，并能够满足人们的生活需要。

家具的风格多种多样，包括简约、欧式、美式、中式等。家具的材料、工艺、结构、肌理也有很大的不同，利用这些不同可以搭配出千变万化的效果。如今人们对于家具的审美已经改变了很多，"设计改变生活"的模式正进入人们的潜意识中。通过设计出新颖、美观的家具，创造性地开发家具的材料、工艺、功能，进而改善人们的生活环境，丰富人们的生活情趣，提高人们的审美水平。

1 设计感十足的沙发

在该空间中，白色是空间的主色调，金色的沙发格外引人注目。这样的设计可以增加空间的色彩层次，活跃空间的气氛。

CMYK: 34-60-90-0
RGB: 188-120-47

CMYK: 52-74-100-20
RGB: 130-74-19

CMYK: 55-24-87-0
RGB: 136-167-69

CMYK: 72-70-68-30
RGB: 76-68-66

CMYK: 16-71-49-0
RGB: 222-106-106

CMYK: 96-100-58-26
RGB: 37-24-75

◉ 配色方案推荐

CMYK: 36-0-13-0
RGB: 172-237-239

CMYK: 82-54-66-11
RGB: 55-101-91

CMYK: 20-45-80-0
RGB: 217-156-65

CMYK: 78-77-50-12
RGB: 78-71-97

CMYK: 47-91-97-18
RGB: 141-49-36

CMYK: 4-20-40-0
RGB: 249-216-163

CMYK: 59-78-100-40
RGB: 94-53-23

CMYK: 100-98-68-59
RGB: 4-14-38

CMYK: 89-61-100-43
RGB: 18-65-17

2 时尚、个性的圆形茶几

在这个以深色调为主的客厅中，白色的茶几和浅色的壁炉成为空间的最大亮点。茶几的圆形和其他家具的方形象征着天圆地方，既不失传统韵味又充满时尚、个性之感。

CMYK: 74-78-85-59
RGB: 49-36-27

CMYK: 66-83-65-34
RGB: 88-50-61

CMYK: 14-10-11-0
RGB: 226-226-225

CMYK: 78-100-47-12
RGB: 87-27-89

CMYK: 46-8-99-0
RGB: 163-200-0

CMYK: 62-69-66-18
RGB: 107-81-76

◉ 配色方案推荐

CMYK: 65-84-80-52
RGB: 70-36-34

CMYK: 73-100-42-4
RGB: 107-18-100

CMYK: 40-62-46-0
RGB: 172-116-119

CMYK: 63-83-66-31
RGB: 96-53-62

CMYK: 57-56-44-0
RGB: 131-117-126

CMYK: 65-84-80-52
RGB: 70-36-34

CMYK: 52-60-72-5
RGB: 142-109-80

CMYK: 76-62-100-37
RGB: 62-71-8

CMYK: 92-85-58-33
RGB: 34-46-70

3 案例欣赏

4.5 陈设

陈设可以被通俗地理解为装饰品、小物件，它们不是室内装饰设计的核心和重点，但是陈设往往会起到画龙点睛的作用。将合适的陈设摆放于空间中，会让人眼前一亮，也可以通过陈设的设计体现出居住者的品味和思想。室内陈设最常见的元素有家具、植物、饰品、织物、灯饰等。

室内陈设直接影响着人们的工作和生活。在闲暇的时候看一看室内的陈设物品，可以让心情更放松。设计师根据环境特点、功能、需求、审美要求、使用对象要求、工艺特点等构成要素，精心设计出高舒适度、高艺术境界、高品味、高情感的理想环境。

室内陈设的设计感可以反映出居住者的喜好，也能突出室内的整体风格。因此，可以根据陈设在室内的使用性质、所处环境和相应标准，设计出功能合理、舒适优美、满足人们物质和精神生活需要的效果。

1 绿色植物增加生活趣味

在这间客厅中，色彩变化丰富，明亮的采光设计和高大的绿色盆栽增加了空间的趣味。

配色方案推荐

CMYK: 26-31-58-0 RGB: 204-179-119	CMYK: 31-57-92-0 RGB: 194-128-42	CMYK: 61-59-70-10 RGB: 117-102-81
CMYK: 55-72-60-8 RGB: 132-86-88	CMYK: 28-29-66-0 RGB: 202-181-103	CMYK: 61-55-45-1 RGB: 120-116-124
CMYK: 49-21-91-0 RGB: 153-177-53	CMYK: 82-78-64-38 RGB: 52-52-63	CMYK: 64-48-80-4 RGB: 111-122-76

CMYK: 52-45-62-0 RGB: 142-136-104
CMYK: 53-53-75-3 RGB: 139-120-80
CMYK: 44-72-85-6 RGB: 159-91-56
CMYK: 80-76-63-33 RGB: 58-58-68
CMYK: 70-46-100-5 RGB: 96-121-20
CMYK: 32-36-80-0 RGB: 194-165-71

2 富丽堂皇的室内陈设

该空间以金色作为主色调，以紫色和黄色作为点缀，这样的配色方案给人一种皇族般的贵气之感。

配色方案推荐

CMYK: 30-42-91-0 RGB: 197-156-43	CMYK: 44-77-100-8 RGB: 161-80-11	CMYK: 40-53-91-1 RGB: 174-130-49
CMYK: 47-98-66-9 RGB: 153-34-69	CMYK: 16-9-66-0 RGB: 232-225-108	CMYK: 69-80-74-47 RGB: 70-45-45
CMYK: 50-60-79-5 RGB: 146-110-70	CMYK: 34-63-46-0 RGB: 185-117-118	CMYK: 24-35-48-0 RGB: 207-175-136

CMYK: 86-90-82-75 RGB: 18-1-9
CMYK: 58-67-99-23 RGB: 114-82-36
CMYK: 38-39-76-0 RGB: 178-156-82
CMYK: 41-62-93-1 RGB: 172-113-46
CMYK: 9-9-14-0 RGB: 237-233-222
CMYK: 37-42-53-0 RGB: 177-151-121

③ 案例欣赏

第 5 章

不同空间的室内色彩搭配

色彩，可以直观地体现空间的风格。和谐的配色方案不仅能让空间看起来更加美观，还能给人带来健康、和谐的生理与心理感受。在进行空间配色时，要根据不同区域的不同特点来进行色彩的选择，本章将针对不同的空间来讲解室内色彩的搭配。

CMYK: 78-79-78-60 RGB: 42-34-32	CMYK: 40-30-37-0 RGB: 168-170-158	CMYK: 10-13-33-0 RGB: 239-224-181	CMYK: 58-69-100-26 RGB: 111-77-31	CMYK: 54-42-45-0 RGB: 135-140-134	CMYK: 47-41-47-0 RGB: 135-140-134
CMYK: 77-73-60-24 RGB: 70-68-79	CMYK: 54-50-36-0 RGB: 137-129-142	CMYK: 66-73-89-43 RGB: 79-57-36	CMYK: 63-67-92-30 RGB: 95-75-42	CMYK: 33-30-50-0 RGB: 188-177-135	CMYK: 50-54-71-2 RGB: 157-133-99
CMYK: 83-82-72-58 RGB: 36-32-38	CMYK: 62-64-55-6 RGB: 118-98-101	CMYK: 52-72-100-18 RGB: 133-80-12	CMYK: 74-76-83-55 RGB: 52-42-33	CMYK: 77-69-72-38 RGB: 60-62-57	CMYK: 29-28-29-0 RGB: 192-183-174

5.1 客厅

　　客厅也被称为"起居室"，是用来接待宾客的房间，也是家居的门面。客厅的摆设、色彩能反映出居住者的性格、特点、眼光、个性等。

　　客厅在人们的日常生活中是使用最为频繁的，它的功能包括放松、游戏、娱乐、进餐等。作为整个房间的中心，客厅往往被居住者列为重中之重，精心设计、精心选料，以充分体现出居住者的品位和意境。

角落的学习娱乐区和墙面的方格置物架，充分利用了空间。

绿色的植物不仅可以净化空气，还可以增添生活的气息。

彩色的壁画为灰色调的空间增加了更多的色彩。

原木的桌子在现代风格中混搭了民族风格，使空间变得更加多元化。

灰色的地毯和沙发相互呼应，大面积的灰色奠定了空间的基础色调。

CMYK: 81–76–77–57	CMYK: 42–34–32–0	CMYK: 55–40–100	CMYK: 40–91–77–4	CMYK: 16–12–12–0	CMYK: 55–69–73–13
RGB: 38–38–36	RGB: 162–162–162	RGB: 139–143–33	RGB: 172–52–61	RGB: 220–220–220	RGB: 129–88–70

1 明亮的客厅设计

在这间客厅中，良好的采光和白色的墙面使整个空间看起来更加宽敞、明亮，中色调的沙发和地毯相得益彰。

◎ 配色方案推荐

CMYK: 58-64-62-8 RGB: 124-97-90	CMYK: 52-51-47-0 RGB: 142-127-124	CMYK: 29-95-86-0 RGB: 196-43-48
CMYK: 92-84-58-33 RGB: 33-48-71	CMYK: 71-70-76-37 RGB: 74-64-54	CMYK: 99-93-30-1 RGB: 29-50-123
CMYK: 67-81-57-19 RGB: 100-63-81	CMYK: 46-59-33-0 RGB: 158-119-140	CMYK: 22-16-16-0 RGB: 208-208-208

CMYK: 78-74-66-36 RGB: 60-58-63	CMYK: 62-56-52-2 RGB: 118-112-112	CMYK: 62-56-52-2 RGB: 118-112-112
CMYK: 35-46-59-0 RGB: 184-146-109	CMYK: 27-25-25-0 RGB: 197-190-184	

2 充满欢乐气氛的客厅设计

白色有放大空间面积的效果，黑色和白色产生了强烈的对比，再加上黄色的点缀，使整个空间气氛欢乐、活泼。

◎ 配色方案推荐

CMYK: 51-80-92-21 RGB: 131-67-42	CMYK: 51-74-67-9 RGB: 141-84-77	CMYK: 61-73-79-31 RGB: 100-67-52
CMYK: 23-36-77-0 RGB: 213-173-75	CMYK: 12-56-80-0 RGB: 230-139-58	CMYK: 4-23-76-0 RGB: 255-209-72
CMYK: 38-38-40-0 RGB: 173-158-147	CMYK: 13-8-23-0 RGB: 230-230-230	CMYK: 41-78-55-1 RGB: 171-85-96

CMYK: 10-33-69-0 RGB: 239-186-90	CMYK: 44-56-100-2 RGB: 166-121-4	CMYK: 77-79-74-54 RGB: 48-49-40
CMYK: 15-11-16-0 RGB: 225-225-215	CMYK: 27-33-35-0 RGB: 198-175-159	CMYK: 62-62-63-10 RGB: 114-97-89

3 高调、热情的客厅设计

　　红色的墙面高调、热情，是整个空间最大的亮点。宽大的窗户采光良好，可以减少因为墙面色彩太深而产生的压抑感。

◎ 配色方案推荐

CMYK：36-100-67-1
RGB：183-16-68

CMYK：58-100-71-38
RGB：101-2-46

CMYK：8-97-84-0
RGB：235-17-41

CMYK：51-84-58-6
RGB：146-67-86

CMYK：24-78-66-0
RGB：206-88-78

CMYK：83-76-56-21
RGB：59-66-85

CMYK：67-89-68-46
RGB：75-34-48

CMYK：16-25-32-0
RGB：222-198-173

CMYK：58-60-71-9
RGB：124-103-80

CMYK：26-36-49-0
RGB：202-170-132

CMYK：54-71-100-21
RGB：125-79-30

CMYK：65-56-37-0
RGB：112-114-137

CMYK：56-61-32-0
RGB：136-111-141

CMYK：88-86-55-27
RGB：49-49-77

CMYK：42-24-83-0
RGB：171-179-70

4 温和、恬静的客厅设计

　　该客厅采用了高明度的配色方案，由于色彩的纯度较低，对比较弱，整个空间给人一种温和、恬静的感觉。

◎ 配色方案推荐

CMYK：12-27-20-0
RGB：229-198-193

CMYK：17-19-29-0
RGB：220-208-184

CMYK：26-23-23-0
RGB：199-194-190

CMYK：24-20-36-0
RGB：207-201-169

CMYK：55-47-59-1
RGB：134-131-109

CMYK：44-36-42-0
RGB：159-157-145

CMYK：62-61-65-10
RGB：113-99-86

CMYK：60-48-32-0
RGB：121-129-152

CMYK：79-74-67-38
RGB：57-56-61

CMYK：63-61-69-12
RGB：110-97-80

CMYK：19-15-31-0
RGB：218-213-183

CMYK：48-32-36-0
RGB：150-161-157

CMYK：63-65-75-20
RGB：105-85-66

CMYK：36-30-27-0
RGB：176-173-175

CMYK：62-37-68-0
RGB：115-143-102

5 案例欣赏

5.2 卧室

卧室是供人睡觉、休息的空间。卧室的设计合理与否，直接影响到人们的生活、工作和学习。卧室不仅要装饰得美观，更要注重其实用功能。

在进行卧室的室内装饰设计时，要遵循以下原则。

1. 讲究私密性：私密性是卧室最重要的属性，只有封闭的空间才能给人以安全感，在设计时可以采用吸音性良好的装饰材料，用于营造卧室的安静和隔音效果。

2. 使用方便：一定要考虑卧室的储物空间，如何收纳衣物和被褥等。在床头两侧最好有床头柜，用来放置台灯、闹钟等随手可以触到的物品。

3. 风格简洁：卧室主要用来休息，简洁的设计可以减少对居住者产生的刺激，有助于更好睡眠。

4. 色调、图案和谐：卧室的墙面、地面、顶面本身都具有各自的色彩，面积很大；后期配饰中窗帘、床罩等也有其各自的色彩，面积也很大。这些色彩的搭配要和谐，要确定出一个主色调，以免房间的色彩、图案过于繁杂，给人以凌乱的感觉。

5. 注重照明设计：卧室中的照明设计最好采用向上照射的灯源，既可以使屋顶显得高远，又可以使光线显得柔和，不直射人眼。除主要灯源外，还应设台灯或壁灯，以备起夜或睡前看书用。当然，也可以配几盏射灯，让空间更具气氛。

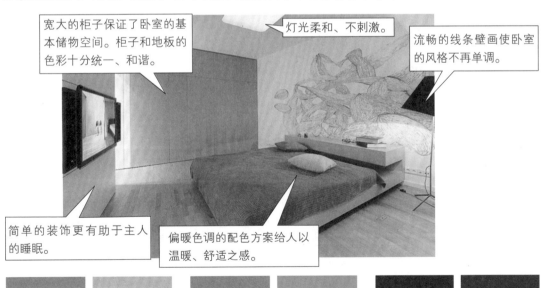

宽大的柜子保证了卧室的基本储物空间。柜子和地板的色彩十分统一、和谐。

灯光柔和、不刺激。

流畅的线条壁画使卧室的风格不再单调。

简单的装饰更有助于主人的睡眠。

偏暖色调的配色方案给人以温暖、舒适之感。

CMYK: 43-54-51-0	CMYK: 13-33-42-0	CMYK: 38-60-68-0	CMYK: 48-40-33-0	CMYK: 87-84-81-71	CMYK: 71-70-64-24
RGB: 165-127-116	RGB: 229-185-148	RGB: 117-120-86	RGB: 150-149-155	RGB: 18-116-19	RGB: 84-73-74

1 暖色调的卧室设计

该空间以酱黄色作为主色调，暖色调的配色方案给人以温暖、亲切的感觉，有助于居住者的睡眠。

CMYK：24-37-56-0
RGB：207-170-118

CMYK：45-63-84-4
RGB：159-108-61

CMYK：19-49-77-0
RGB：217-150-69

CMYK：44-96-100-12
RGB：156-36-2

CMYK：61-91-78-48
RGB：81-30-37

CMYK：34-41-40-0
RGB：184-156-144

◉ 配色方案推荐

CMYK：48-77-63-6
RGB：150-82-83

CMYK：64-87-62-28
RGB：99-48-67

CMYK：59-62-65-9
RGB：121-99-86

CMYK：17-69-61-0
RGB：219-110-90

CMYK：64-87-62-28
RGB：99-48-67

CMYK：59-62-65-9
RGB：121-99-86

CMYK：7-6-58-0
RGB：252-238-129

CMYK：19-35-90-0
RGB：222-175-33

CMYK：51-74-98-19
RGB：131-76-37

2 低调、奢华的卧室设计

单色系的配色方案使整个空间看起来单纯、统一，深色的基调给人以低调、奢华的视觉感受。

CMYK：73-73-68-35
RGB：71-61-62

CMYK：64-77-83-45
RGB：80-50-39

CMYK：58-59-58-4
RGB：128-108-101

CMYK：28-25-30-0
RGB：196-188-175

CMYK：50-73-98-16
RGB：137-80-37

CMYK：8-8-10-0
RGB：239-236-231

◉ 配色方案推荐

CMYK：70-95-69-54
RGB：64-19-39

CMYK：35-56-87-0
RGB：186-127-54

CMYK：76-70-62-24
RGB：73-72-78

CMYK：20-19-78-0
RGB：223-204-75

CMYK：51-96-88-28
RGB：122-33-39

CMYK：67-93-65-42
RGB：80-31-52

CMYK：41-48-68-0
RGB：170-139-92

CMYK：21-5-38-0
RGB：217-229-178

CMYK：41-35-37-0
RGB：165-161-153

3 温柔、体贴的卧室设计

在该空间中，首先映入眼帘的是洋红色，这样的色彩选择充分体现了居住者温柔、体贴的个性。

● 配色方案推荐

CMYK: 45-100-94-15 RGB: 150-27-39	CMYK: 49-76-63-6 RGB: 149-83-84	CMYK: 43-96-68-5 RGB: 164-39-39
CMYK: 64-89-68-39 RGB: 87-38-53	CMYK: 24-42-79-0 RGB: 209-160-69	CMYK: 18-0-51-0 RGB: 228-245-149
CMYK: 8-85-24-0 RGB: 237-67-129	CMYK: 9-94-71-0 RGB: 232-34-60	CMYK: 11-31-22-0 RGB: 233-193-188

CMYK: 64-75-67-26 RGB: 99-67-68	CMYK: 29-83-87-0 RGB: 196-75-48	CMYK: 11-11-11-0 RGB: 232-227-224
CMYK: 49-93-67-12 RGB: 144-46-69	CMYK: 29-68-84-0 RGB: 197-107-55	CMYK: 57-82-83-36 RGB: 102-52-43

4 充满异域风情的卧室设计

该空间以白色作为主色调，以中纯度的黄色作为点缀，房间的温暖度瞬间升级。

● 配色方案推荐

CMYK: 7-3-61-0 RGB: 252-242-121	CMYK: 17-24-88-0 RGB: 230-198-37	CMYK: 36-51-100-0 RGB: 185-135-24
CMYK: 5-1-27-0 RGB: 251-250-206	CMYK: 28-49-60-0 RGB: 198-146-104	CMYK: 55-57-100-8 RGB: 136-110-17
CMYK: 73-64-100-38 RGB: 69-69-9	CMYK: 44-22-73-0 RGB: 166-181-94	CMYK: 69-67-73-28 RGB: 85-75-63

CMYK: 45-48-57-0 RGB: 160-137-112	CMYK: 46-69-80-30 RGB: 95-72-54	CMYK: 66-62-59-9 RGB: 105-97-95
CMYK: 39-80-100-4 RGB: 174-77-0	CMYK: 44-66-100-5 RGB: 161-101-13	CMYK: 11-46-94-0 RGB: 236-159-3

5 案例欣赏

5.3 书房

书房是用来阅读、书写以及学习、工作的空间，也是需要安静的空间，在家庭环境中处于一种独特的地位。由于书房的特殊功能，它需要一种较为严肃的气氛。同时，书房又是家庭环境的一部分，要与其他居室融为一体，流露出浓浓的生活气息。因此，书房设计要让人在轻松自如的气氛中更投入地工作、学习，更自由地休息。在设计书房时，需要注意以下细节。

1. 通风：良好的空气是保证健康的基础。在书房中摆放的电子设备越来越多，如果房间密不透风，机器散热会令空气变得污浊，影响居住者的身体健康。此外，摆放绿色植物，如万年青、文竹、吊兰等，可以达到净化空气的目的。

2. 温度：书房内常摆放有电脑、书籍等，因此，房间内的温度应该控制在10~30℃之间。电脑不宜摆放在温度较高的地方，也就是阳光直射的窗口旁、空调机吹风口下方或暖气机附近等。

3. 采光：书房采光可以采用直接照明或者半直接照明的方式，光线最好从左肩上端照射，可以在书桌前方放置亮度较高又不刺眼的台灯。

4. 色彩：书房的色彩不宜过于耀目，但也不宜过于昏暗，淡绿、浅棕、米白等柔和的色彩较为适合。如果从事需要通过刺激而产生创意的工作，那么不妨让鲜艳的色彩来引发灵感。

个性的雕塑为空间增色不少。

大幅的时尚壁画使空间充满了年轻的感觉。

书柜的设计增加了空间的存储空间。

多彩的沙发活跃了整间书房的气氛。

青色的书桌与整个空间的配色相互呼应。

CMYK: 67–0–34–0
RGB: 46–201–195

CMYK: 45–72–27–0
RGB: 163–96–139

CMYK: 17–17–87–0
RGB: 231–210–39

CMYK: 79–68–59–19
RGB: 68–77–86

CMYK: 29–29–45–0
RGB: 195–181–146

CMYK: 39–64–89–1
RGB: 175–110–52

1 超实用的书架设计

在这间书房中，最醒目的亮点是占据整面墙的书架。高大的书架最大限度地利用了墙面的空间，以书籍点缀书房是最明智的选择。

◎ 配色方案推荐

CMYK: 80-75-97-64　RGB: 34-33-15
CMYK: 69-61-92-26　RGB: 87-84-47
CMYK: 14-9-64-0　RGB: 237-227-114

CMYK: 50-81-90-20　RGB: 132-66-44
CMYK: 51-74-67-9　RGB: 141-84-77
CMYK: 7-15-29-0　RGB: 243-223-188

CMYK: 49-58-75-4　RGB: 149-114-76
CMYK: 58-61-73-11　RGB: 122-100-76
CMYK: 67-79-68-36　RGB: 83-54-59

CMYK: 45-36-36-0　RGB: 156-156-154
CMYK: 19-15-15-0　RGB: 213-213-211
CMYK: 58-52-91-5　RGB: 129-119-57

CMYK: 63-73-84-37　RGB: 88-61-44
CMYK: 72-85-98-67　RGB: 45-19-2
CMYK: 55-77-91-28　RGB: 115-65-40

2 简约至上的书房设计

高明度的配色方案确保了空间的明度，简洁的家具为居住者营造出安静的学习氛围，这也是书房最基本的特征。

◎ 配色方案推荐

CMYK: 27-61-79-0　RGB: 201-122-64
CMYK: 55-58-58-2　RGB: 136-113-103
CMYK: 32-41-56-0　RGB: 190-157-117

CMYK: 52-65-80-10　RGB: 139-97-64
CMYK: 54-65-53-2　RGB: 139-102-105
CMYK: 48-83-65-7　RGB: 151-70-77

CMYK: 97-94-73-67　RGB: 3-8-27
CMYK: 86-80-55-25　RGB: 50-58-81
CMYK: 79-52-39-0　RGB: 64-115-139

CMYK: 89-72-77-53　RGB: 20-45-42
CMYK: 59-71-89-29　RGB: 105-71-43
CMYK: 65-75-94-48　RGB: 74-49-27

CMYK: 15-12-14-0　RGB: 223-222-218
CMYK: 15-20-22-0　RGB: 223-207-195
CMYK: 60-61-65-8　RGB: 121-102-88

❸ 激发灵感的学习角落

空间中的学习区与客厅相连，临近窗台的书桌不仅光线良好，还充分地利用了居室空间，一举两得。

◉ 配色方案推荐

CMYK：34-81-18-0
RGB：189-77-141

CMYK：32-74-48-0
RGB：190-95-107

CMYK：54-58-58-2
RGB：139-113-103

CMYK：96-77-59-30
RGB：4-57-75

CMYK：93-90-76-69
RGB：9-13-24

CMYK：66-59-64-10
RGB：105-101-89

CMYK：34-43-53-0
RGB：185-152-121

CMYK：49-55-82-3
RGB：150-121-68

CMYK：36-24-54-0
RGB：182-183-132

CMYK：4-68-52-0
RGB：243-117-103

CMYK：5-30-68-0
RGB：249-196-94

CMYK：65-66-82-28
RGB：93-77-54

CMYK：80-68-51-10
RGB：69-83-102

CMYK：85-72-63-31
RGB：47-63-72

CMYK：19-4-63-0
RGB：225-231-120

❹ 阳光明媚的书房设计

这是一间独立的书房，层次分明的配色，干净的布局，隔绝了日常琐事带来的烦扰，这样可以获得更高的工作效率。独立的空间会减少家庭的氛围，增添工作的感觉。

◉ 配色方案推荐

CMYK：10-35-53-0
RGB：236-184-127

CMYK：4-21-36-0
RGB：248-215-170

CMYK：7-26-19-0
RGB：240-203-197

CMYK：15-20-81-0
RGB：235-207-61

CMYK：60-71-79-27
RGB：104-73-55

CMYK：50-80-100-21
RGB：133-64-0

CMYK：11-6-12-0
RGB：234-237-228

CMYK：39-96-100-5
RGB：173-41-28

CMYK：17-93-80-0
RGB：219-46-51

CMYK：11-31-62-0
RGB：237-190-110

CMYK：72-95-91-70
RGB：43-0-0

CMYK：26-23-33-0
RGB：201-193-172

CMYK：23-43-76-0
RGB：210-158-74

CMYK：93-88-89-80
RGB：0-0-0

CMYK：95-100-21-0
RGB：51-34-130

5 案例欣赏

5.4 厨房

　　厨房，是准备食物并进行烹饪的空间。一间现代化的厨房通常包括炉具、流理台及储存食物的设备。厨房是家居中使用最频繁、家务劳动最集中的地方。厨房的主要功能是烧煮、洗涤，有的兼有进餐的功能。因此，厨房的装修装饰应该更多地考虑实用、安全和卫生等方面。

　　在设计厨房时，要遵循以下原则。

　　1. 有足够的使用空间：厨房是制作美味食物的空间，需要摆放很多食物、食材等，因此，足够的操作空间显得尤为重要，可以突出实用性。现代厨具生产已走向组合化，应尽可能合理配备，以保证现代家庭厨房拥有齐全的功能。

　　2. 有丰富的存储空间：可以在厨房墙壁上设计橱柜，在有限的空间里充分加以利用。组合橱柜常用地柜部分贮存较重、占面积较大的瓶、罐、米、菜等物品，操作台前可延伸设置存放油、酱、糖等调味品及餐具的柜、架、煤气灶，水槽的下面都是可利用的储物场所。精心设计的现代组合厨具会使储物、取物更方便。

　　3. 有舒适方便的操作中心：橱柜要考虑到科学性和舒适性。灶台的高度、灶台和水池的距离、冰箱和灶台的距离要适宜，择菜、切菜、炒菜等都有各自的空间，橱柜要设计抽屉。

　　4. 环境要干净、整洁：厨房是制作食物的空间，不光食物要干净，环境也要看起来干净、整洁。对厨房用具的色彩要求要能够表现出干净、刺激食欲和使人愉悦的特征。通常能够表现出干净的色彩为灰度较低、明度较高的色彩，如白、乳白、淡黄等，而能够刺激食欲的色彩主要为与美味食品较接近的色彩，如橙红、橙黄、棕褐等。

　　5. 要有情趣：对于现代家庭来说，厨房不仅是烹饪的地方，更是家人交流的空间、休闲的舞台，工艺画、植物等装饰可以使厨房变得更加富有情趣。

以白色作为厨房的主色调，突出了厨房干净、卫生的特点。

多层次的橱柜提升了厨房的储物功能。

咖啡色的点缀使该空间更加沉稳、安静。

简单的装饰可以点缀空间，还可以增加烹调的乐趣。

CMYK: 31-29-31-0	CMYK: 55-51-48-0	CMYK: 32-57-67-0	CMYK: 68-83-86-59	CMYK: 88-84-88-76	CMYK: 45-49-56-0
RGB: 189-179-170	RGB: 135-125-123	RGB: 191-129-88	RGB: 58-31-24	RGB: 4-11-10-6	RGB: 160-134-111

① 精巧、别致的厨房设计

这间厨房的面积比较小，设计师采用了高明度的配色方案，配以良好的采光，这样可以在视觉上放大空间的面积。

CMYK: 38-100-100-4 RGB: 177-12-16	CMYK: 31-66-100-0 RGB: 193-110-16	CMYK: 80-50-100-14 RGB: 59-104-37
CMYK: 55-46-41-0 RGB: 132-133-137	CMYK: 53-70-93-18 RGB: 127-83-44	CMYK: 33-37-34-0 RGB: 184-165-158

◉ 配色方案推荐

CMYK: 62-84-93-53 RGB: 73-35-22	CMYK: 33-44-69-0 RGB: 189-150-91	CMYK: 15-15-58-0 RGB: 233-217-126
CMYK: 82-89-35-2 RGB: 80-58-115	CMYK: 62-29-100-0 RGB: 118-155-15	CMYK: 24-18-94-0 RGB: 215-202-0
CMYK: 35-23-83-0 RGB: 188-185-67	CMYK: 14-35-55-0 RGB: 229-180-122	CMYK: 33-10-43-0 RGB: 187-210-164

② 对比鲜明的厨房设计

黑与白两种色彩对比鲜明，在这间厨房中以大面积的白色作为主色调，搭配以小面积的黑色，为厨房增添了现代感。

CMYK: 91-87-82-74 RGB: 9-8-13	CMYK: 82-78-79-62 RGB: 33-32-30	CMYK: 71-94-95-69 RGB: 45-3-0
CMYK: 22-16-13-0 RGB: 207-210-215	CMYK: 77-53-100-17 RGB: 70-99-15	CMYK: 15-28-35-0 RGB: 225-194-166

◉ 配色方案推荐

CMYK: 58-49-46-0 RGB: 126-126-126	CMYK: 75-74-73-44 RGB: 60-52-50	CMYK: 85-93-72-65 RGB: 29-13-29
CMYK: 51-66-68-6 RGB: 142-99-82	CMYK: 33-41-57-0 RGB: 188-156-115	CMYK: 38-28-71-0 RGB: 178-175-95
CMYK: 18-30-28-0 RGB: 217-187-176	CMYK: 5-12-9-0 RGB: 245-232-229	CMYK: 49-44-33-0 RGB: 147-142-153

3 青色调的半开放式厨房设计

青色总是给人以忧郁、安静的感觉，以青色作为厨房的色彩，可以让居住者心情平和地享受烹饪的时光。

◉ 配色方案推荐

CMYK: 76-30-4-0 RGB: 24-153-218	CMYK: 86-62-58-13 RGB: 42-89-97	CMYK: 38-6-11-0 RGB: 171-216-230
CMYK: 60-24-20-0 RGB: 111-171-197	CMYK: 52-33-43-0 RGB: 139-157-145	CMYK: 75-80-65-40 RGB: 65-48-58
CMYK: 29-47-0-0 RGB: 196-151-208	CMYK: 54-77-7-0 RGB: 146-82-158	CMYK: 37-15-73-0 RGB: 183-198-95

CMYK: 84-71-62-28 RGB: 50-66-75	CMYK: 74-51-48-1 RGB: 82-116-125	CMYK: 11-2-7-0 RGB: 233-243-242
CMYK: 73-73-63-28 RGB: 77-66-72	CMYK: 74-54-100-18 RGB: 78-98-35	CMYK: 51-79-100-21 RGB: 131-67-32

4 使人心情愉悦的厨房设计

白色橱柜配合原木色大理石台面，光洁而温馨。砖红色的点缀为这间厨房增加了几分俏皮的色彩。

◉ 配色方案推荐

CMYK: 36-85-100-2 RGB: 182-69-29	CMYK: 12-77-59-0 RGB: 228-93-87	CMYK: 80-75-29-0 RGB: 80-80-134
CMYK: 96-97-61-48 RGB: 21-24-52	CMYK: 8-15-10-0 RGB: 238-224-224	CMYK: 40-40-37-0 RGB: 168-153-150
CMYK: 30-7-21-0 RGB: 193-220-211	CMYK: 60-19-34-0 RGB: 113-175-174	CMYK: 89-67-59-20 RGB: 30-76-87

CMYK: 69-60-46-2 RGB: 101-104-119	CMYK: 22-16-16-0 RGB: 208-208-208	CMYK: 38-56-63-0 RGB: 177-126-95
CMYK: 52-88-96-30 RGB: 119-47-33	CMYK: 30-89-80-0 RGB: 195-60-56	CMYK: 67-48-88-6 RGB: 104-119-64

5 案例欣赏

5.5 餐厅

餐厅是用来进餐的场所，也是招待客人、谈话叙旧的空间。如今的餐厅不仅可以在功能上满足人们的需求，同时更多的是追求设计感。例如，可以在餐厅顶部设计一个水晶吊灯，在一面墙壁设计茶镜等。

在设计餐厅时，可以遵循以下原则。

1. 注重实用性：在设计餐厅时，应该注重将实用性和美观性相结合。实用性是首先要考虑的方面，在满足了这一功能的基础上，再配置一些家具用品等，可以使房间更加美观和舒适。

2. 匹配自身的生活习惯：要与自身的生活习惯相匹配，才是好的设计。餐厅设计的关键在于餐桌、餐椅的选择上，一方面要与房间的整体设计风格相一致，另一方面也要考虑到自己的喜好，这样才能积极地营造整个餐厅的氛围，使家人开心、快乐。

3. 注重色彩的搭配：餐厅的装饰也要注重色彩，不必像卧室的色彩设计那么拘谨，可以温馨一些，能够激发人的食欲。餐厅适合用明朗、轻快的色调，如橙色系等。另外，在餐厅中还可以增加一些装饰画或一些植物，以起到调节及开胃的作用。要避免使用一些奇怪的色彩，如紫色、黑色、绿色等。

漂亮的灯具是餐厅必不可少的装饰品。

柔软、舒适的座椅也是营造温馨、舒适的就餐环境的必要因素。

圆形的餐桌可以让就餐的家人更加亲密无间。

原木的色彩给人以原汁原味的自然感受。

| CMYK: 58-38-9-0 | CMYK: 74-66-54-10 | CMYK: 63-84-91-54 | CMYK: 75-75-73-45 | CMYK: 9-24-40-0 | CMYK: 22-82-73-0 |
| RGB: 124-150-199 | RGB: 85-87-99 | RGB: 72-34-23 | RGB: 60-50-49 | RGB: 240-206-160 | RGB: 210-78-66 |

1 灰色调的餐厅设计

简约、大气的配色方案给人以理智、沉稳的感觉，与房间整体的装饰风格相吻合。白色钢琴烤漆的桌面彰显品质，香槟色的储物柜为整体增加了华丽的情调。

◉ 配色方案推荐

CMYK：26-23-32-174 RGB：201-193-174	CMYK：40-31-37-0 RGB：168-169-157	CMYK：18-13-22-0 RGB：219-218-202
CMYK：52-54-51-0 RGB：142-122-116	CMYK：51-51-36-0 RGB：146-129-141	CMYK：21-0-9-0 RGB：213-239-240
CMYK：27-33-64-0 RGB：202-175-106	CMYK：18-26-48-0 RGB：220-194-143	CMYK：73-58-51-4 RGB：87-104-112

CMYK：28-18-19-0 RGB：194-200-200	CMYK：14-14-21-0 RGB：226-219-203	CMYK：68-66-71-24 RGB：89-79-69
CMYK：42-55-71-0 RGB：169-127-85	CMYK：80-83-84-69 RGB：31-20-18	CMYK：49-54-60-1 RGB：151-123-102

2 简约、大方的餐厅设计

简约、大方的独立餐厅，适合面积较大的户型。白色给人以空旷的感觉，青灰色系的地毯、深色的灯罩和饰品使整个空间色调统一。

◉ 配色方案推荐

CMYK：56-61-66-7 RGB：130-103-86	CMYK：58-49-46-0 RGB：126-126-126	CMYK：37-22-35-0 RGB：175-186-169
CMYK：44-53-35-0 RGB：162-130-142	CMYK：17-26-17-0 RGB：218-196-198	CMYK：65-51-74-6 RGB：109-116-82
CMYK：55-72-60-8 RGB：132-86-88	CMYK：57-52-40-0 RGB：130-124-134	CMYK：8-8-7-0 RGB：239-236-236

CMYK：78-72-64-31 RGB：63-64-69	CMYK：68-65-58-12 RGB：98-89-92	CMYK：57-57-60-3 RGB：131-113-99
CMYK：24-18-17-0 RGB：202-203-205	CMYK：16-10-9-0 RGB：221-226-229	CMYK：35-27-26-0 RGB：178-179-180

③ 时尚、别致的餐厅设计

棋盘格的地面和墙面装饰个性张扬，红色的点缀让餐厅变得更具时尚感。

CMYK: 49-98-93-24
RGB: 132-31-37

CMYK: 40-100-100-6
RGB: 171-3-2

CMYK: 1-11-13-0
RGB: 254-236-222

CMYK: 51-74-100-18
RGB: 134-76-2

CMYK: 84-85-71-58
RGB: 34-28-38

CMYK: 22-31-91-0
RGB: 218-181-31

◉ 配色方案推荐

CMYK: 32-85-89-1
RGB: 191-72-46

CMYK: 1-86-69-0
RGB: 246-66-65

CMYK: 44-100-100-13
RGB: 155-13-23

CMYK: 0-70-66-0
RGB: 100-255-113

CMYK: 8-16-89-0
RGB: 251-219-0

CMYK: 33-28-35-0
RGB: 186-179-163

CMYK: 5-24-57-0
RGB: 250-208-124

CMYK: 28-34-20-0
RGB: 196-174-185

CMYK: 58-85-70-28
RGB: 109-52-59

④ 简欧风格的餐厅设计

浅色调的壁纸，搭配香槟色简欧风格的设计，总体给人一种典雅又不失亲切的感觉。

CMYK: 38-64-84-1
RGB: 178-111-59

CMYK: 71-54-71-10
RGB: 91-106-83

CMYK: 6-7-15-0
RGB: 244-238-222

CMYK: 35-50-87-0
RGB: 186-138-54

CMYK: 3-50-52-0
RGB: 246-157-117

CMYK: 63-79-100-50
RGB: 78-43-5

◉ 配色方案推荐

CMYK: 6-61-55-0
RGB: 241-132-103

CMYK: 3-34-41-0
RGB: 248-190-150

CMYK: 0-73-41-0
RGB: 250-104-115

CMYK: 1-54-24-0
RGB: 249-152-161

CMYK: 0-20-20-0
RGB: 254-220-201

CMYK: 10-0-60-0
RGB: 249-252-121

CMYK: 5-34-67-0
RGB: 248-187-94

CMYK: 26-87-31-0
RGB: 203-61-119

CMYK: 41-78-55-1
RGB: 171-85-96

5 案例欣赏

5.6 卫浴

卫浴是供居住者便溺、洗漱的地方。如今卫浴设计早已突破单纯的洗浴功能，将其升华为人们远离喧嚣、释放压力、放松身心的空间。

在对卫浴进行设计时，要根据不同特点合理地安排，以下是卫浴设计的几个原则。

1. 借用瓷砖增添色彩：瓷砖是卫浴空间中色彩和线条舞动的最大载体。借用瓷砖可以增添空间的色彩，不妨根据居住者的喜好来进行设计。

2. 巧用镜子延伸空间：镜子的反光效果使空间显得通透、敞亮。如果是面积较小的卫浴空间，可以利用镜子增加空间的延展性，让视野变得更加开阔。

3. 注重空间的私密性：卫浴空间应该是私密的空间，将干、湿区域独立划分，会让生活变得井然有序，可以使用磨砂玻璃将原本透明的玻璃空间私密化。

窗户可以增加空气的流通，以保证卫生间的环境清新。

浅色调的配色方案是卫浴空间的首选。

紧凑、合理的布局，是狭小卫浴空间最首要的设计原则。

马赛克瓷砖不仅美观、实用，而且方便清理。

CMYK: 87-70-47-8
RGB: 50-81-109

CMYK: 57-47-46-0
RGB: 128-130-129

CMYK: 76-62-60-14
RGB: 76-90-91

CMYK: 24-21-26-0
RGB: 204-198-186

CMYK: 69-65-63-16
RGB: 94-86-83

CMYK: 36-41-47-0
RGB: 179-154-132

1 富有层次感的卫浴设计

大面积的白色给人以干净、明亮的感觉，棋盘瓷砖拼图为该空间增加了层次感，简单的盆栽有净化空气、美化环境的作用。

CMYK: 5–3–7–0
RGB: 245–247–242

CMYK: 93–89–87–79
RGB: 0–0–2

CMYK: 77–73–63–30
RGB: 67–64–71

CMYK: 71–38–100–1
RGB: 92–135–20

配色方案推荐

CMYK: 87–83–82–72
RGB: 17–17–17

CMYK: 86–71–80–52
RGB: 31–48–41

CMYK: 70–66–98–39
RGB: 74–66–33

CMYK: 63–69–63–16
RGB: 107–82–82

CMYK: 18–6–28–0
RGB: 222–230–197

CMYK: 53–38–63–0
RGB: 140–148–107

CMYK: 53–98–88–37
RGB: 107–25–33

CMYK: 26–39–77–0
RGB: 206–165–74

CMYK: 8–1–42–0
RGB: 247–247–173

2 飘逸、轻盈的卫浴设计

以浅灰色作为主色调，干净又不单调，墙面上的紫色蝴蝶装饰给人以轻盈、飘逸的视觉印象，可以让人尽情享受沐浴的快乐。

CMYK: 63–87–40–2
RGB: 125–63–110

CMYK: 35–53–20–0
RGB: 182–136–165

CMYK: 98–94–65–54
RGB: 12–23–45

CMYK: 27–25–24–0
RGB: 197–189–186

CMYK: 44–34–27–0
RGB: 158–162–171

CMYK: 51–46–47–0
RGB: 143–136–128

配色方案推荐

CMYK: 72–100–66–53
RGB: 61–12–41

CMYK: 50–100–21–0
RGB: 158–0–122

CMYK: 16–95–48–0
RGB: 222–31–91

CMYK: 31–76–27–0
RGB: 194–91–134

CMYK: 1–33–5–0
RGB: 250–197–215

CMYK: 23–68–43–0
RGB: 209–110–117

CMYK: 35–33–38–0
RGB: 181–170–154

CMYK: 41–4–27–0
RGB: 164–214–201

CMYK: 25–29–0–0
RGB: 203–188–235

3 极简风格的卫浴设计

该空间采用单色系的配色方案。以白色作为主色调，简洁、单纯，借用灯光使空间产生了丰富的层次感。

CMYK: 0-0-0-0
RGB: 255-255-255

CMYK: 15-4-0-0
RGB: 224-239-255

CMYK: 18-10-6-0
RGB: 218-224-233

CMYK: 21-16-23-0
RGB: 212-210-197

CMYK: 66-33-84-0
RGB: 105-147-78

CMYK: 48-39-64-0
RGB: 154-150-104

◉ 配色方案推荐

CMYK: 55-64-31-0
RGB: 139-105-138

CMYK: 27-40-47-0
RGB: 200-163-134

CMYK: 32-26-0-0
RGB: 186-189-254

CMYK: 0-40-8-0
RGB: 255-184-202

CMYK: 1-18-9-0
RGB: 251-223-223

CMYK: 2-9-28-0
RGB: 255-238-197

CMYK: 1-6-18-0
RGB: 255-244-218

CMYK: 27-0-31-0
RGB: 199-255-204

CMYK: 10-7-12-0
RGB: 234-234-227

4 中明度的卫浴设计

青灰相间的马赛克瓷砖是空间设计的点睛之处，这是地中海风格的典型元素。简单的装饰画、藤编的收纳筐，将整个狭小的空间装扮得趣味横生。

CMYK: 61-35-35-0
RGB: 115-150-158

CMYK: 80-66-58-16
RGB: 64-82-90

CMYK: 82-82-84-70
RGB: 27-21-18

CMYK: 37-40-45-0
RGB: 177-156-136

CMYK: 35-29-38-0
RGB: 180-176-158

CMYK: 19-38-92-0
RGB: 222-170-21

◉ 配色方案推荐

CMYK: 74-30-21-0
RGB: 56-152-190

CMYK: 68-30-43-0
RGB: 91-152-150

CMYK: 100-91-43-7
RGB: 8-53-105

CMYK: 58-49-46-0
RGB: 126-126-126

CMYK: 61-43-41-0
RGB: 118-136-141

CMYK: 42-32-48-0
RGB: 165-165-137

CMYK: 5-11-67-0
RGB: 255-230-103

CMYK: 4-27-88-0
RGB: 255-201-15

CMYK: 31-19-56-0
RGB: 194-196-131

5 案例欣赏

第6章

不同风格的室内色彩设计

　　室内装饰的设计风格是以不同的文化背景及不同的地域特色作为依据的，是通过各种设计元素来营造一种特有的装饰氛围。室内装饰的设计风格是由建筑的设计风格衍生出来的，可以大致分为简约风格、中式风格、欧式风格、田园风格、美式乡村风格、新古典风格、地中海风格、混搭风格等。不同的设计风格有不同的配色特点，在配色方面具有各自的原则。

CMYK: 22-10-12-0
RGB: 208-216-218

CMYK: 35-30-40-8
RGB: 166-159-140

CMYK: 33-12-4-0
RGB: 185-203-227

CMYK: 89-29-4-2
RGB: 0-135-196

CMYK: 36-50-66-33
RGB: 126-98-69

CMYK: 58-54-55-71
RGB: 49-40-34

CMYK: 55-41-41-28
RGB: 104-108-108

CMYK: 27-88-89-42
RGB: 118-37-30

CMYK: 27-34-33-6
RGB: 187-163-151

CMYK: 19-38-61-8
RGB: 196-157-104

CMYK: 19-26-26-2
RGB: 209-188-176

CMYK: 41-31-30-9
RGB: 154-154-154

6.1 简约风格

所谓简约风格，就是简单而富有品味的风格，起源于现代派的极简主义。这种风格在选材、用料、施工等方面极为讲究，空间布局的线条要求简化，以最为精简的方式实现实用性和便捷性，是一种较难把握的装修风格，在细节上讲究完美，对品质的追求是装修风格中要求最为苛刻的一种，色彩运用极为凝炼。

1. 时尚：时尚是简约风格的一大特点。时尚会随着时间而发生变化，室内装饰设计也是如此，要紧跟设计潮流的最前沿。

2. 现代：现代是简约风格的另一大特点。现代是面对年轻一族的，是积极，是希望。因此，设计并不是保守、呆板，而是创新、大胆。

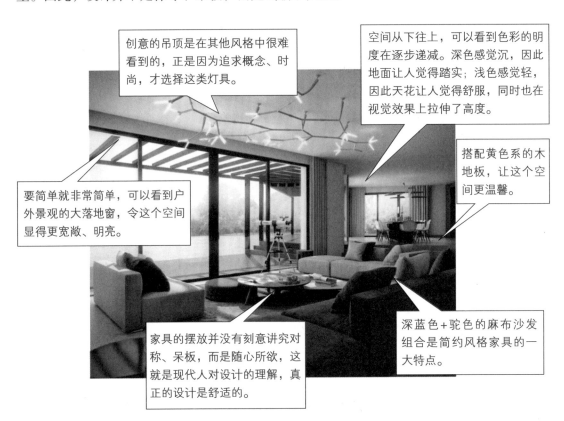

创意的吊顶是在其他风格中很难看到的，正是因为追求概念、时尚，才选择这类灯具。

空间从下往上，可以看到色彩的明度在逐步递减。深色感觉沉，因此地面让人觉得踏实；浅色感觉轻，因此天花让人觉得舒服，同时也在视觉效果上拉伸了高度。

搭配黄色系的木地板，让这个空间更温馨。

要简单就非常简单，可以看到户外景观的大落地窗，令这个空间显得更宽敞、明亮。

家具的摆放并没有刻意讲究对称、呆板，而是随心所欲，这就是现代人对设计的理解，真正的设计是舒适的。

深蓝色+驼色的麻布沙发组合是简约风格家具的一大特点。

CMYK: 64-52-28-41
RGB: 76-76-95

CMYK: 31-21-19-2
RGB: 186-186-189

CMYK: 27-43-53-14
RGB: 171-136-107

CMYK: 63-52-52-89
RGB: 14-14-12

CMYK: 28-33-36-6
RGB: 184-163-147

CMYK: 41-7-35-3
RGB: 161-197-176

1 时尚

在该空间中，黑色与白色产生强烈的对比效果，橘黄色系的人物壁画为空间增加了时尚的气息。

◎ 配色方案推荐

CMYK: 14-22-31-0 RGB: 226-205-178	CMYK: 53-48-49-0 RGB: 140-131-123	CMYK: 63-74-84-38 RGB: 88-59-43
CMYK: 69-25-44-0 RGB: 83-158-151	CMYK: 15-48-5-0 RGB: 223-157-195	CMYK: 35-1-13-0 RGB: 178-225-230
CMYK: 48-24-100-0 RGB: 157-173-7	CMYK: 0-68-91-0 RGB: 254-116-7	CMYK: 21-8-32-0 RGB: 214-223-188

CMYK: 70-82-93-63 RGB: 52-28-15
CMYK: 10-71-98-0 RGB: 232-106-4
CMYK: 18-14-83-0 RGB: 229-214-53
CMYK: 73-69-66-27 RGB: 77-71-71
CMYK: 48-48-52-0 RGB: 151-134-118
CMYK: 72-48-100-8 RGB: 88-115-46

◎ 精彩案例分析

暖调的餐厅配色可以提升进餐者的食欲，大幅的壁画为餐厅增加了艺术气息。

CMYK: 49-87-100-22 RGB: 134-53-16
CMYK: 9-23-34-0 RGB: 237-206-172
CMYK: 100-100-60-2 RGB: 0-16-85
CMYK: 32-25-13-0 RGB: 186-187-205

用硬朗的几何线条装扮空间，酒红色的点缀更加时尚、富有个性。

CMYK: 73-87-83-67 RGB: 44-18-19
CMYK: 55-100-76-34 RGB: 110-15-45
CMYK: 13-9-8-0 RGB: 228-229-231
CMYK: 42-45-49-0 RGB: 166-143-125

该空间用色简洁、明快，塑料质感的椅子使空间流露出年轻与时尚的气息。

CMYK: 65-63-58-9 RGB: 107-95-95
CMYK: 44-39-44-0 RGB: 160-152-139
CMYK: 74-54-100-1 RGB: 80-99-43
CMYK: 80-74-77-51 RGB: 45-46-42

❷ 现代

开放式的厨房空间，利用干净、简练的几何形状进行装饰，使整个空间充满现代感。

◉ 配色方案推荐

CMYK: 2-2-25-0 RGB: 255-250-208	CMYK: 6-15-42-0 RGB: 248-224-162	CMYK: 28-29-64-0 RGB: 202-181-108
CMYK: 22-5-55-0 RGB: 218-228-141	CMYK: 7-9-84-0 RGB: 255-232-36	CMYK: 31-36-99-0 RGB: 198-165-3
CMYK: 61-53-60-3 RGB: 119-117-102	CMYK: 65-70-53-8 RGB: 110-86-99	CMYK: 63-67-84-28 RGB: 98-76-51

CMYK: 85-86-90-76 RGB: 17-8-3	CMYK: 63-64-76-20 RGB: 104-86-66
CMYK: 27-36-50-0 RGB: 199-169-131	CMYK: 6-5-3-0 RGB: 243-243-245

◉ 精彩案例分析

黑色结合少量红色是非常漂亮的室内色彩搭配，用仅有的红色打破沉闷的黑色，又不会太过于炽热，是简约风格常用的手法。

CMYK: 41-28-0-87 RGB: 19-23-32	CMYK: 5-2-0-4 RGB: 232-239-245
CMYK: 0-2-3-20 RGB: 0-65-66-26	CMYK: 0-2-3-20 RGB: 188-66-63

黑、白色的经典搭配永不过时，简约风格常使用这两种色彩进行搭配，体现非常现代的感觉。

CMYK: 0-1-3-3 RGB: 248-245-240	CMYK: 0-0-0-73 RGB: 70-70-70
CMYK: 0-52-74-74 RGB: 66-32-17	CMYK: 7-0-87-10 RGB: 215-230-31

浅灰色搭配米色，非常柔和、舒适，点缀少许深色，如黑色或棕色，使空间不轻浮、有重点。

CMYK: 8-4-0-12 RGB: 207-214-224	CMYK: 0-0-4-11 RGB: 228-228-218
CMYK: 0-26-54-23 RGB: 196-145-90	CMYK: 28-17-0-89 RGB: 21-24-29

3 案例欣赏

6.2 中式风格

中式风格沉淀了神秘的东方古韵，散发出浓郁的文化馨香，以其优雅脱俗的风范带给人们远离世俗的清心淡然。在中式装饰风格中，红色是具有代表性的色彩，得到了广泛的应用，充满了吉祥如意的文化含义，将幸福喜庆的气息带到温馨的生活之中。

1. 古朴：古朴是中式风格的一大特点，红木、青花瓷、紫砂茶壶以及一些红木工艺品等都体现了浓郁的东方之美。

2. 瑰丽：瑰丽是中式风格的另一大特点。中式的屏风、窗棂、木门、工艺隔断、简约化的中式"博古架"，都流露出中式的瑰丽色彩。

宫灯形状的灯具与整体的空间搭配相呼应。

瓷器装饰让整个空间的中式韵味更加浓厚。

缎面沙发的设计既保证了实用性，也与整体装饰风格相吻合。

月亮门起到了分割空间的作用，使空间变得层次分明。

雕花的原木茶几古色古香，实用且美观。

CMYK: 65-75-83-44	CMYK: 53-83-100-29	CMYK: 49-100-100-26	CMYK: 14-87-87-0	CMYK: 28-28-32-0	CMYK: 32-62-88-0
RGB: 79-53-40	RGB: 118-55-24	RGB: 130-4-5	RGB: 224-64-40	RGB: 195-183-169	RGB: 191-118-50

1 古朴

雕梁画栋，整个空间古朴自然。棕色与浅黄色相结合，使空间传递出古典的韵味。

◉ 配色方案推荐

CMYK: 68-93-62-37 RGB: 83-33-58	CMYK: 78-92-89-74 RGB: 31-0-0	CMYK: 75-73-70-39 RGB: 65-58-57
CMYK: 65-79-100-52 RGB: 73-41-3	CMYK: 54-88-100-38 RGB: 106-41-11	CMYK: 42-86-100-8 RGB: 163-64-33
CMYK: 22-38-64-0 RGB: 212-169-101	CMYK: 42-37-59-0 RGB: 168-157-115	CMYK: 7-89-100-0 RGB: 236-58-3

CMYK: 84-86-88-75
RGB: 20-8-6

CMYK: 58-99-96-52
RGB: 83-12-17

CMYK: 14-36-67-0
RGB: 230-178-95

CMYK: 16-22-69-0
RGB: 230-202-96

◉ 精彩案例分析

对称的设计也是中式风格的一大特点。

高贵、稳重的原木家具完美地体现出现代中式设计的迷人魅力。

明亮通透的客厅，给人豁然开朗之感。

CMYK: 50-73-82-13 RGB: 139-83-58	CMYK: 61-70-71-21 RGB: 109-79-68
CMYK: 79-61-100-38 RGB: 54-71-26	CMYK: 26-37-47-0 RGB: 203-169-136

CMYK: 12-88-89-0 RGB: 228-62-37	CMYK: 67-85-89-60 RGB: 59-28-20
CMYK: 21-28-41-0 RGB: 213-189-155	CMYK: 52-85-100-30 RGB: 117-51-27

CMYK: 12-88-89-0 RGB: 228-62-37	CMYK: 67-85-89-60 RGB: 59-28-20
CMYK: 34-44-56-0 RGB: 184-151-116	CMYK: 47-68-91-8 RGB: 150-96-50

② 瑰丽

布艺沙发柔软舒适，大红色的中式家具厚重沉稳，二者的搭配使空间中传统与时尚共存。

◎ 配色方案推荐

CMYK: 55-92-85-38 RGB: 103-35-37	CMYK: 47-96-96-18 RGB: 142-38-37	CMYK: 51-58-64-2 RGB: 146-115-93
CMYK: 52-90-77-24 RGB: 125-48-53	CMYK: 58-94-90-49 RGB: 86-24-25	CMYK: 11-19-42-0 RGB: 236-212-160	CMYK: 62-59-63-7 RGB: 116-104-92	CMYK: 26-30-86-0 RGB: 209-181-54	CMYK: 43-42-81-0 RGB: 167-147-72
CMYK: 28-24-20-0 RGB: 195-190-193	CMYK: 62-63-56-6 RGB: 118-100-100	CMYK: 83-79-68-47 RGB: 44-44-52	CMYK: 37-31-27-0 RGB: 175-171-173	CMYK: 61-76-68-24 RGB: 107-68-68	CMYK: 75-69-62-23 RGB: 74-74-79

◎ 精彩案例分析

原木家具保留了空间的中式韵味，门窗的设计让空间变得层次分明。

原木家具深沉而稳重，浓厚的人文气息弥漫一室。

精雕细刻的中式家具让空间变得高雅、细腻，圆形抱枕的色彩与墙壁上的字画色彩相呼应。

CMYK: 55-55-90-6 RGB: 134-115-56	CMYK: 61-81-96-47 RGB: 82-44-24
CMYK: 21-24-37-0 RGB: 213-195-164	CMYK: 67-66-67-20 RGB: 96-83-76

CMYK: 23-37-51-0 RGB: 208-171-129	CMYK: 64-78-83-46 RGB: 79-48-37
CMYK: 16-32-71 RGB: 228-185-89	CMYK: 50-55-69-2 RGB: 149-121-88

CMYK: 10-22-60-0 RGB: 241-207-117	CMYK: 54-47-39-0 RGB: 135-132-140
CMYK: 40-84-100-5 RGB: 171-69-7	CMYK: 37-62-65-0 RGB: 179-116-90

3 案例欣赏

6.3 欧式风格

欧式风格是"奢华"、"大气"的代名词，这是人们对它的第一印象。因为欧式风格常使用华丽的砖材、木材以及复杂的花纹装饰等，不仅体现了典雅和雍容，更凸显出极致的细腻。

1. 奢华：奢华不是一味地追求昂贵，而是合理搭配所体现出的一种感觉。欧式风格最常见的元素有欧式脚线、大理石、水晶吊灯、壁灯、拼花地砖、地毯、浮雕、陈设等。这些元素被有效地搭配在一起，让奢华品味尽收眼底。

2. 细腻：欧式风格比较繁复、细腻。例如，吊灯的设计往往较为复杂、层次分明，此外，通常选择细节较多的家具以突出欧式风格。

华丽、复杂的水晶吊灯，是欧式风格装饰不可缺少的一部分。

高大的落地窗保证了客厅的采光。

金碧辉煌的墙壁，彰显贵族气质。

暖色调的沙发与金色的墙壁互相呼应。

第6章

CMYK: 32-53-89-0
RGB: 192-135-49

CMYK: 50-60-87-6
RGB: 147-109-57

CMYK: 46-90-96-16
RGB: 145-51-38

CMYK: 58-57-45-0
RGB: 130-115-123

CMYK: 90-84-81-71
RGB: 13-16-19

CMYK: 77-74-71-43
RGB: 57-52-53

1 奢华

该空间以金色作为主色调，以淡紫色作为点缀，整个空间在金碧辉煌之余不乏浪漫的气息。

● 配色方案推荐

CMYK: 67-100-53-18 RGB: 106-2-77	CMYK: 33-80-72-0 RGB: 189-83-70	CMYK: 13-34-66-0 RGB: 232-183-99
CMYK: 49-85-35-0 RGB: 156-68-118	CMYK: 54-100-47-3 RGB: 146-3-91	CMYK: 47-91-97-18 RGB: 141-49-36
CMYK: 33-18-30-0 RGB: 185-197-182	CMYK: 31-0-19-0 RGB: 188-235-224	CMYK: 67-84-71-45 RGB: 76-41-47

CMYK: 28-46-84-0 RGB: 200-149-59	CMYK: 23-32-54-0 RGB: 209-179-127	CMYK: 51-82-100-23 RGB: 129-62-24
CMYK: 67-81-68-37 RGB: 82-51-57	CMYK: 49-69-42-0 RGB: 154-99-120	CMYK: 89-85-84-75 RGB: 11-9-10

● 精彩案例分析

暗色调的花纹壁纸复杂、美丽，悄然绽放的玫瑰让空间变得富有灵性。

黄色系的地面点缀红色的装饰，对比色系的配色方案使空间色彩鲜明、生动。

白色的化妆台与深紫色的墙壁形成强烈的对比。

CMYK: 74-77-75-51 RGB: 57-43-42	CMYK: 60-57-55-2 RGB: 122-112-108
CMYK: 53-72-52-3 RGB: 144-90-102	CMYK: 79-47-100-9 RGB: 62-112-23

CMYK: 12-26-77-0 RGB: 237-198-72	CMYK: 45-100-100-15 RGB: 151-17-28
CMYK: 72-83-71-51 RGB: 62-37-43	CMYK: 49-72-44-0 RGB: 153-94-115

CMYK: 71-89-65-44 RGB: 70-35-52	CMYK: 52-81-13-0 RGB: 150-75-147
CMYK: 25-27-30-0 RGB: 201-187-174	CMYK: 15-32-71-0 RGB: 230-186-89

❷ 细腻

该空间以棕色作为主色调，配以金色的点缀，整个空间更显细腻、厚重。

◉ 配色方案推荐

CMYK: 33-87-100-1
RGB: 190-65-21

CMYK: 47-85-100-17
RGB: 143-59-22

CMYK: 6-55-86-0
RGB: 242-143-39

CMYK: 57-80-90-38
RGB: 99-53-35

CMYK: 49-70-74-8
RGB: 145-91-71

CMYK: 28-42-67-0
RGB: 199-158-96

CMYK: 59-73-100-33
RGB: 102-65-18

CMYK: 28-20-13-0
RGB: 195-199-211

CMYK: 49-46-53-0
RGB: 148-136-119

CMYK: 16-11-14-0
RGB: 221-222-217

CMYK: 65-68-83-31
RGB: 90-72-50

CMYK: 41-47-52-0
RGB: 168-141-120

CMYK: 59-75-79-30
RGB: 104-66-52

CMYK: 57-52-50-1
RGB: 130-122-118

CMYK: 41-44-59-0
RGB: 169-145-109

◉ 精彩案例分析

在这间餐厅中，复杂的装饰、缤纷的花朵、温暖的烛光，这些元素让就餐成为一种至高的享受。

该空间采用以中性色调为主的配色方案，浅棕色被应用在卧室中，有助于人们的休息。

原木家具上细腻、精致的花纹，为空间增添了古典、优雅之感。

CMYK: 12-6-0-0
RGB: 230-237-255

CMYK: 91-88-88-79
RGB: 4-0-0

CMYK: 76-82-67-45
RGB: 59-43-53

CMYK: 44-46-27-0
RGB: 161-142-161

CMYK: 61-88-100-53
RGB: 121-92-84

CMYK: 82-85-86-73
RGB: 24-13-11

CMYK: 62-60-83-15
RGB: 111-97-61

CMYK: 47-84-49-1
RGB: 159-71-100

CMYK: 27-34-31-0
RGB: 199-174-167

CMYK: 59-66-64-11
RGB: 121-92-84

CMYK: 38-90-27-0
RGB: 181-55-123

CMYK: 78-90-81-71
RGB: 34-9-16

3 案例欣赏

6.4 美式乡村风格

美式乡村风格在某种程度上是众多元素的集合，按照一定的审美眼光及秩序，将一些古老的元素进行一定的排列重组，打造出雅致而复古的感观印象，充满了对生活的享受意味。其中，西部田园风具有古典而略带闲适的惬意感，摒弃了过多的繁复与雕琢，在细节的处理上却更加别具匠心。

1. 休闲：美式乡村风格突出了生活的舒适和自由，它所表达的情感清新简朴。在美式乡村风格的装饰空间中，色彩以淡雅的板岩色和古董白居多，随意涂鸦的花卉图案为主流特色，线条随意但注重干净、干练。

2. 温馨：美式乡村风格力求布置温馨。在家具的选材上，也多取舒适、柔性、温馨的材质组合，可以有效地建立起一种温情暖意的生活氛围。

草编的窗帘源于自然，让空间变得更加自然、淳朴。

用绿色的植物点缀空间，更加亲切自然。

黄色的靠背椅鲜艳、抢眼。

用古董箱子作为茶几，为该空间增添了几分复古情怀。

酱橙色的沙发散发着温暖的感觉。

CMYK: 17-33-46-0
RGB: 221-182-141

CMYK: 11-25-87-0
RGB: 242-201-35

CMYK: 45-83-100-11
RGB: 154-68-33

CMYK: 3-0-25-0
RGB: 255-254-210

CMYK: 41-31-82-0
RGB: 174-168-70

CMYK: 54-36-38-0
RGB: 134-152-152

1 休闲

该空间为中明度的色彩基调。灰色调给人以安逸、放松的感觉，被应用在客厅中，不仅使家人得到放松，也不会让来访的客人感觉拘束。

◉ 配色方案推荐

CMYK: 32-39-39-0 RGB: 188-161-147	CMYK: 39-40-44-0 RGB: 172-155-139	CMYK: 45-45-58-0 RGB: 207-190-108
CMYK: 63-69-66-18 RGB: 221-182-141	CMYK: 37-40-42-0 RGB: 176-156-141	CMYK: 25-71-85-0 RGB: 204-102-51
CMYK: 17-12-10-0 RGB: 219-220-224	CMYK: 28-47-57-0 RGB: 199-150-111	CMYK: 45-34-17-0 RGB: 156-163-189
CMYK: 20-96-98-0 RGB: 204-102-51	CMYK: 41-69-84-3 RGB: 170-100-58	CMYK: 49-53-68-1 RGB: 151-125-90
CMYK: 43-80-57-1 RGB: 167-79-91	CMYK: 7-17-14-0 RGB: 239-220-214	CMYK: 0-64-69-0 RGB: 255-128-72

◉ 精彩案例分析

高明度的配色方案被应用在客厅中，给人明亮、舒适的感受。

温暖、厚重的大地色系，让居住者的身心得到了放松。

宽敞、明亮的客厅设计给人以豁然开朗的感觉，深灰色调的地毯增加了空间的层次感。

CMYK: 8-25-19-0 RGB: 237-204-197	CMYK: 86-80-75-61 RGB: 26-30-33	CMYK: 25-27-36-0 RGB: 203-187-163	CMYK: 73-72-73-40 RGB: 67-58-53	CMYK: 33-26-25-05 RGB: 182-182-182	CMYK: 18-14-11-0 RGB: 215-216-221
CMYK: 22-31-26-0 RGB: 209-184-179	CMYK: 23-15-15-0 RGB: 206-210-211	CMYK: 60-69-83-25 RGB: 107-77-53	CMYK: 57-56-58-2 RGB: 130-114-103	CMYK: 63-67-75-23 RGB: 101-80-63	CMYK: 44-41-45-0 RGB: 160-148-134

2 温馨

以白色作为主色调，以淡青色作为点缀，清爽、温馨的空间感觉油然而生。

CMYK: 35-30-38-0
RGB: 180-175-156

CMYK: 15-9-15-0
RGB: 224-228-220

CMYK: 86-55-56-6
RGB: 36-103-109

CMYK: 35-0-31-0
RGB: 179-231-198

◎ 配色方案推荐

CMYK: 86-64-16-0
RGB: 43-96-162

CMYK: 70-13-28-0
RGB: 56-178-193

CMYK: 53-8-15-0
RGB: 125-200-222

CMYK: 26-0-3-0
RGB: 199-235-251

CMYK: 59-44-20-0
RGB: 122-139-175

CMYK: 15-11-3-0
RGB: 224-226-238

CMYK: 35-0-62-0
RGB: 186-223-127

CMYK: 22-26-30-0
RGB: 209-192-176

CMYK: 46-54-58-0
RGB: 157-126-106

◎ 精彩案例分析

橄榄绿的点缀沉稳、低调，于朴实中散发着田园气息。

漂亮的背景墙不仅记录了生活中的点点滴滴，也让空间色彩变得更加生动。

绿色的墙壁给人以自然、环保的感觉。

CMYK: 51-74-59-5
RGB: 145-86-90

CMYK: 65-44-76-2
RGB: 110-129-84

CMYK: 1-0-0-0
RGB: 253-254-255

CMYK: 30-100-98-1
RGB: 194-15-34

CMYK: 78-49-100-11
RGB: 68-109-49

CMYK: 41-19-31-0
RGB: 167-190-180

CMYK: 31-30-35-0
RGB: 190-178-162

CMYK: 83-80-72-55
RGB: 38-36-41

CMYK: 89-72-0-0
RGB: 26-71-212

CMYK: 32-42-58-0
RGB: 189-156-113

CMYK: 73-44-52-0
RGB: 82-127-124

CMYK: 43-48-70-0
RGB: 165-137-89

3 案例欣赏

6.5 田园风格

田园风格较清新淡雅，以白色作为主色调，多用绿色或黄色进行点缀。碎花的壁纸，夸张的布满自然纹理的板岩，朴实无华的精致铁艺，温和的藤编织物，搭配以素雅的花卉，尽显田园的自然风情。

1. 自然：现代居室中的田园风格设计倡导"回归自然"，只有结合自然，才能在当今快节奏的社会生活中获取生理和心理上的平衡。因此，田园风格力求表现田园生活的自然情趣，而这样的自然情趣正好处于现今人们对于人类城市扩张迅速、城市环境恶化、人们日渐产生隔阂而担忧的时代，迎合了人们对于自然环境的关心、回归和渴望之情。

2. 清新：浅色调的配色方案是田园风格的代表，配上温和、自然的光线，更突出田园风格的自然之美。

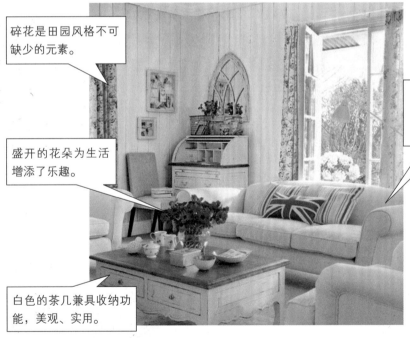

碎花是田园风格不可缺少的元素。

白色的沙发与空间相互呼应，色调和谐、统一。

盛开的花朵为生活增添了乐趣。

白色的茶几兼具收纳功能，美观、实用。

| CMYK: 18-17-25-0 | CMYK: 40-93-36-0 | CMYK: 31-30-48-0 | CMYK: 38-39-73-0 | CMYK: 54-64-85-13 | CMYK: 63-53-67-5 |
| RGB: 217-210-192 | RGB: 177-44-109 | RGB: 192-177-138 | RGB: 179-156-86 | RGB: 130-95-57 | RGB: 113-115-91 |

1 自然

该空间以白色作为主色调,搭配绿色的木质餐椅,相融相谐,增加了空间的自然风味。

◎ 配色方案推荐

CMYK:9-16-56-0 RGB:43-96-162	CMYK:24-0-64-0 RGB:56-178-193	CMYK:43-38-88-0 RGB:125-200-222
CMYK:71-35-92-0 RGB:43-96-162	CMYK:83-63-100-44 RGB:56-178-193	CMYK:50-71-91-13 RGB:125-200-222
CMYK:73-61-100-31 RGB:43-96-162	CMYK:66-81-62-28 RGB:56-178-193	CMYK:53-21-91-0 RGB:125-200-222
CMYK:8-61-71-95 RGB:43-96-162	CMYK:20-13-9-0 RGB:56-178-193	CMYK:35-30-28-0 RGB:125-200-222
CMYK:4-3-39-0 RGB:43-96-162	CMYK:33-6-42-0 RGB:56-178-193	CMYK:61-8-81-0 RGB:125-200-222

◎ 精彩案例分析

碎花的壁纸与彩虹色的窗帘,二者搭配相得益彰。

CMYK:34-24-66-0 RGB:188-185-106	CMYK:54-72-59-7 RGB:136-88-90
CMYK:46-30-40-0 RGB:153-165-152	CMYK:29-20-30-0 RGB:193-196-181

温馨的装饰配以灿烂的阳光,再加上布艺的沙发与柔软的白色地毯,整个空间营造出一种如梦似幻的感觉。

CMYK:34-46-46-0 RGB:185-148-130	CMYK:23-36-35-0 RGB:207-174-159
CMYK:49-23-14-0 RGB:144-180-206	CMYK:33-27-22-0 RGB:183-182-187

绿色植物为空间注入了活力,使整体氛围变得更加有生气。

CMYK:66-52-54-1 RGB:108-118-114	CMYK:34-89-74-1 RGB:187-60-65
CMYK:75-57-78-20 RGB:74-92-68	CMYK:80-52-48-1 RGB:60-112-124

② 清新

粉红色系的厨房更适合年轻的都市女性，可爱、清新的配色方案让烹饪成为一种心灵的享受。

◉ 配色方案推荐

CMYK: 8-25-22-0 RGB: 238-204-192	CMYK: 0-96-63-0 RGB: 255-0-65	CMYK: 2-86-53-0 RGB: 245-67-89
CMYK: 16-98-90-0 RGB: 220-24-38	CMYK: 18-76-50-0 RGB: 218-94-102	CMYK: 41-57-55-0 RGB: 170-124-109
CMYK: 59-98-95-54 RGB: 78-12-16	CMYK: 39-93-100-4 RGB: 176-47-21	CMYK: 10-70-22-0 RGB: 235-111-147
CMYK: 14-34-18-0 RGB: 225-184-190	CMYK: 21-9-10-0 RGB: 212-223-227	CMYK: 8-25-22-0 RGB: 207-184-178
CMYK: 44-52-63-0 RGB: 164-130-98	CMYK: 51-1-63-0 RGB: 139-206-126	CMYK: 45-28-27-0 RGB: 155-171-177

◉ 精彩案例分析

浅蓝色调给人以强烈的视觉冲击力，让人眼前一亮。

蓝色与粉色是"情侣色"，糖果色系的配色方案让空间更加新鲜而活泼。

整个空间的配色方案体现出女性的柔美和浪漫情怀。

CMYK: 46-24-23-0 RGB: 152-179-190	CMYK: 24-10-14-0 RGB: 205-219-220
CMYK: 77-58-52-5 RGB: 75-102-111	CMYK: 26-27-27-0 RGB: 199-186-178

CMYK: 12-38-16-0 RGB: 229-179-190	CMYK: 26-35-24-0 RGB: 200-174-177
CMYK: 57-29-11-0 RGB: 123-165-205	CMYK: 30-10-3-0 RGB: 190-217-241

CMYK: 41-8-19-0 RGB: 165-209-212	CMYK: 29-43-48-0 RGB: 196-156-130
CMYK: 28-83-64-0 RGB: 199-76-79	CMYK: 60-73-42-1 RGB: 129-88-117

3 案例欣赏

6.6 | 新古典风格

新古典风格是古典风格的流行版本，是将古典风格与现代的材质、工艺、设计进行完美融合，新古典风格多体现出典雅、浪漫的感觉。

1. 典雅：新古典风格讲究典雅，既有古典、淳朴的一面，又有时尚、前卫的一面。不仅空间设计充满新古典的味道，家具的选择也是如此，新古典家具的风格有别于其他家具的风格，非常时尚、美观、高雅。

2. 浪漫：新古典风格具有浪漫主义情怀，精雕细琢、一丝不苟，摒弃了过于复杂的肌理和装饰，简化了线条，使浪漫更直接地被表达出来。

飘窗的设计增加了卧室的私密性。

没有直射的光源，可以减少光的刺激，让卧室变得更加温馨。

欧式的复古壁纸，给人一丝不苟的印象。

地板与墙纸是同一色系，二者相互映衬，使空间色调统一、和谐。

古典式的床具提升了空间的华丽之感。

CMYK: 49-38-25-0
RGB: 147-153-172

CMYK: 56-46-42-0
RGB: 130-133-136

CMYK: 57-61-63-6
RGB: 129-105-92

CMYK: 56-69-78-18
RGB: 121-84-62

CMYK: 86-82-84-72
RGB: 18-17-15

CMYK: 22-14-6-0
RGB: 209-215-230

1 典雅

在该空间中，虽然选择了古典风格的家具，但是空间的主色调为黄色，所以不会有压抑之感。

CMYK: 27-44-80-0
RGB: 202-155-68

CMYK: 46-60-79-3
RGB: 157-113-70

CMYK: 29-38-50-0
RGB: 195-169-129

CMYK: 20-23-29-0
RGB: 214-199-180

◉ 配色方案推荐

CMYK: 45-30-32-0
RGB: 157-167-166

CMYK: 55-62-78-10
RGB: 130-101-69

CMYK: 45-45-58-0
RGB: 160-141-111

CMYK: 38-20-68-0
RGB: 179-188-105

CMYK: 33-44-75-0
RGB: 189-150-79

CMYK: 40-67-98-2
RGB: 174-105-38

CMYK: 20-35-52-0
RGB: 216-177-129

CMYK: 27-27-32-0
RGB: 198-186-171

CMYK: 28-57-57-0
RGB: 198-131-104

◉ 精彩案例分析

紫红色的花纹壁纸优雅、低调，与现代风格的墙面装饰形成强烈的对比。

复古的原木家具，让现代的家居空间充满优美、典雅之感。

在该空间中，墙壁的色彩与地毯的色彩相互映衬。白色的床上用品提高了空间的整体明度，减少了暗色调产生的压抑之感。

CMYK: 59-65-64-10
RGB: 122-94-86

CMYK: 33-41-72-0
RGB: 190-157-86

CMYK: 22-66-41-0
RGB: 227-211-173

CMYK: 71-69-91-46
RGB: 65-57-34

CMYK: 10-20-26-0
RGB: 235-212-190

CMYK: 56-69-79-18
RGB: 122-84-61

CMYK: 81-62-62-18
RGB: 59-85-85

CMYK: 49-82-100-19
RGB: 137-64-27

CMYK: 70-86-92-65
RGB: 50-21-13

CMYK: 63-72-89-38
RGB: 88-62-39

CMYK: 55-62-70-8
RGB: 133-103-80

CMYK: 15-11-220
RGB: 226-224-204

② 浪漫

高明度的灰色调干净、明亮，适合用于浴室中。墙壁上不均匀的纹理像水墨画一样随性、自然。

CMYK: 17-11-7-0
RGB: 219-224-232

CMYK: 34-25-21-0
RGB: 181-184-190

CMYK: 63-83-50-9
RGB: 117-66-95

CMYK: 58-53-48-0
RGB: 127-121-121

◉ 配色方案推荐

CMYK: 10-12-17-0
RGB: 236-227-223

CMYK: 7-17-14-0
RGB: 240-220-214

CMYK: 18-15-14-0
RGB: 216-214-213

CMYK: 48-42-43-0
RGB: 150-144-137

CMYK: 27-11-21-0
RGB: 199-214-205

CMYK: 17-11-7-0
RGB: 219-224-232

CMYK: 40-31-26-0
RGB: 168-170-175

CMYK: 59-58-52-2
RGB: 126-111-111

CMYK: 63-92-52-13
RGB: 114-47-85

◉ 精彩案例分析

日式风格的设计朴实无华，床头花纹的装饰透露出浓郁的民族风情。

橙色的主色调让空间充满喜庆、愉悦之感。

这是一间女性的办公室，灰色的主色调安静、端庄，青色的座椅用来点缀空间的色彩，使空间的氛围不再沉闷。

CMYK: 22-66-41-0
RGB: 211-166-122

CMYK: 54-100-81-36
RGB: 2-210-237

CMYK: 1-46-65-0
RGB: 252-166-91

CMYK: 43-100-100-10
RGB: 162-2-4

CMYK: 76-71-70-36
RGB: 63-62-60

CMYK: 62-44-23-0
RGB: 116-136-169

CMYK: 74-66-74-32
RGB: 70-72-61

CMYK: 36-31-41-0
RGB: 178-172-150

CMYK: 43-39-50-0
RGB: 163-153-128

CMYK: 32-59-75-0
RGB: 190-124-74

CMYK: 22-19-27-0
RGB: 209-203-186

CMYK: 49-39-69-0
RGB: 152-149-97

3 案例欣赏

6.7 地中海风格

地中海风格以白色和蓝色作为主色调，给人以大海的宁静与清爽感，同时又不失活泼、浪漫的视觉意味。装饰物多就地取材，以各种贝类为主，自然而精致，充满世外桃源般的惬意感受。地中海的配色方案主要包括"海"与"天"之间的明亮色彩，白色的墙壁、青色的装饰，配以土黄色与红褐色的点缀，交织出强烈的异域风情。

1. 清爽：地中海风格多以白色作为基础色调，搭配海洋的蔚蓝色，以富有梦幻的色彩来描述浪漫的情怀。

2. 明亮：在色彩搭配上，地中海风格明亮、简单，具有显著的地域特色。

拱形的窗户设计带有异域风情。

墙壁上的大海图案让人仿佛置身于海滨。

抱枕上的花纹充满田园气息。

白色的木质桌椅精巧、实用。

粉色系的条纹沙发活泼、俏皮。

| CMYK: 98-88-10-0 | CMYK: 6-5-6-0 | CMYK: 49-34-19-0 | CMYK: 87-69-57-19 | CMYK: 38-85-65-1 | CMYK: 91-89-66-53 |
| RGB: 25-56-149 | RGB: 242-241-240 | RGB: 145-160-186 | RGB: 43-75-89 | RGB: 177-70-78 | RGB: 27-29-46 |

1 清爽

　　白色的墙壁搭配青色的家具，给人以清爽、明媚的感觉。在这里，青色不再是忧郁、沉闷的象征，而是时尚、浪漫的代名词。

◉ 配色方案推荐

CMYK: 36-22-26-0
RGB: 176-181-187

CMYK: 69-44-2-0
RGB: 91-136-203

CMYK: 100-96-16-0
RGB: 23-37-142

CMYK: 56-36-21-0
RGB: 130-154-182

CMYK: 27-6-13-0
RGB: 197-223-225

CMYK: 86-53-9-0
RGB: 6-113-183

CMYK: 62-29-5-0
RGB: 103-163-217

CMYK: 37-41-5-0
RGB: 177-158-202

CMYK: 31-69-15-0
RGB: 194-106-157

CMYK: 2-40-6-0
RGB: 248-182-205

CMYK: 30-0-14-0
RGB: 186-247-240

CMYK: 4-2-13-0
RGB: 249-248-230

CMYK: 27-17-13-0
RGB: 197-204-212

◉ 精彩案例分析

　　良好的采光给人以开阔的感觉。

　　白色与青色的搭配清新、脱俗，让居住者仿佛闻到海风的气息。

　　沉静、婉约的蓝色，犹如月光下的海，有着幽幽的静谧之美。

CMYK: 18-1-18-0
RGB: 218-239-240

CMYK: 80-48-68-2
RGB: 51-125-102

CMYK: 94-72-37-2
RGB: 5-81-126

CMYK: 66-0-16-0
RGB: 2-210-237

CMYK: 87-72-52-14
RGB: 47-75-97

CMYK: 70-42-21-0
RGB: 87-136-177

CMYK: 53-8-10-0
RGB: 122-201-232

CMYK: 29-13-9-0
RGB: 192-210-224

CMYK: 94-73-13-0
RGB: 1-80-156

CMYK: 36-21-17-0
RGB: 176-191-202

CMYK: 9-63-52-0
RGB: 234-127-108

CMYK: 71-25-27-0
RGB: 71-161-183

❷ 明亮

　　良好的采光使整个房间宽敞、明亮，黄色的墙壁显得柔美又温馨。

◉ 配色方案推荐

CMYK: 13-15-14-0 RGB: 228-219-214	CMYK: 49-38-46-0 RGB: 149-150-135	CMYK: 19-24-52-0 RGB: 220-197-136

CMYK: 29-32-58-0 RGB: 197-175-118	CMYK: 6-17-52-0 RGB: 249-219-139	CMYK: 39-39-42-0 RGB: 171-155-142	CMYK: 9-5-34-0 RGB: 243-240-187	CMYK: 12-11-58-0 RGB: 239-225-128	CMYK: 33-53-99-0 RGB: 190-134-25
CMYK: 60-44-26-0 RGB: 120-137-164	CMYK: 21-23-26-0 RGB: 210-198-185	CMYK: 17-14-19-0 RGB: 220-216-206	CMYK: 29-3-13-0 RGB: 193-227-228	CMYK: 36-21-73-0 RGB: 184-188-94	CMYK: 60-45-32-0 RGB: 122-134-153

◉ 精彩案例分析

　　灯光的照明使白色的空间增加了层次感。

　　地中海风格的配色方案，让这间卧室在清爽中不乏明媚之感。

　　白色与蓝色的交错之美，让人感受到浪漫的海洋风情。

CMYK: 25-19-21-0 RGB: 202-201-197	CMYK: 9-7-6-0 RGB: 236-237-239
CMYK: 93-65-48-7 RGB: 0-88-113	CMYK: 100-99-51-2 RGB: 6-28-113

CMYK: 25-16-19-0 RGB: 202-207-203	CMYK: 68-38-33-0 RGB: 95-142-160
CMYK: 81-62-54-9 RGB: 64-92-104	CMYK: 50-58-71-3 RGB: 147-114-83

CMYK: 13-10-8-0 RGB: 227-228-230	CMYK: 72-19-29-0 RGB: 52-167-186
CMYK: 71-53-38-0 RGB: 95-116-138	CMYK: 38-23-26-0 RGB: 171-185-185

3 案例欣赏

6.8 混搭风格

混搭风格是指将两种或多种风格混合搭配在一起，效果杂而不乱。混搭风格的设计一般比较新颖，是风格与风格之间的包容、融合，不会单纯地体现出某一种风格，更突出了层次感。

1. 融合：混搭风格突破了传统风格的拘泥，且比传统风格更显气派，让不同材质、不同色彩、不同风格的单品搭配在一起。

2. 个性：混搭风格是打破常规的装饰风格，因为涉及到很多元素、很多细节。要打造个性化的室内空间，就要使每一个元素、每一个细节都能起到承上启下的作用。

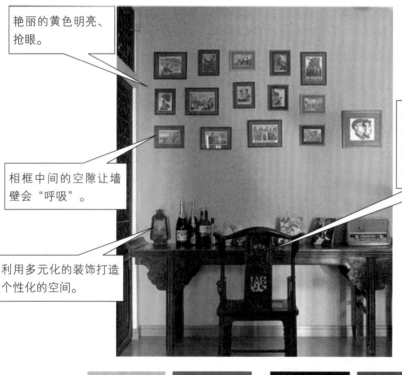

艳丽的黄色明亮、抢眼。

中式风格的家具与带有现代感的黄色墙壁相搭配，是该空间的最大亮点。

相框中间的空隙让墙壁会"呼吸"。

利用多元化的装饰打造个性化的空间。

CMYK: 4-24-89-0
RGB: 255-207-0

CMYK: 27-83-96-0
RGB: 200-75-33

CMYK: 72-95-91-70
RGB: 44-0-0

CMYK: 49-73-92-13
RGB: 142-83-45

1 融合

在这间客厅中融合了多种设计元素，鹅卵石的地面、布艺的沙发、未加工的木头茶几、裸露在外的横梁，这样的设计混搭出了个性，混搭出了时尚。

CMYK: 58-60-62-5
RGB: 127-106-93

CMYK: 28-22-22-0
RGB: 193-193-191

CMYK: 78-73-90-59
RGB: 42-40-25

CMYK: 68-35-60-0
RGB: 95-143-116

◉ 配色方案推荐

CMYK: 57-70-88-24
RGB: 115-77-47

CMYK: 75-78-81-58
RGB: 49-37-32

CMYK: 44-52-76-1
RGB: 165-130-78

CMYK: 59-70-85-26
RGB: 107-75-50

CMYK: 65-45-46-0
RGB: 109-130-131

CMYK: 10-10-32-0
RGB: 239-230-188

CMYK: 13-55-79-0
RGB: 228-141-68

CMYK: 42-72-67-20
RGB: 169-96-81

CMYK: 54-90-86-35
RGB: 109-41-38

◉ 精彩案例分析

古典的家具与现代的座椅，成为古老与现代文明的交汇点，用以展现生活空间的层次感。

CMYK: 46-79-77-9
RGB: 152-76-63

CMYK: 43-51-71-0
RGB: 165-133-86

CMYK: 31-28-40-0
RGB: 191-181-154

CMYK: 25-32-55-0
RGB: 205-178-125

这是一间多元素融合的卧室。打破常规的吊顶不仅遮住了多余的阳光，还成为了一种独特的装饰。

CMYK: 25-23-40-0
RGB: 205-194-159

CMYK: 15-14-22-0
RGB: 225-219-201

CMYK: 67-76-89-50
RGB: 68-47-30

CMYK: 56-66-88-17
RGB: 123-88-52

木质结构的房屋搭配现代风格的家具，混搭风格的家居设计为空间营造出轻松、舒适的氛围。

CMYK: 29-71-100-0
RGB: 197-99-10

CMYK: 78-92-89-74
RGB: 31-0-0

CMYK: 44-100-100-14
RGB: 155-0-0

CMYK: 8-14-14-0
RGB: 238-225-217

❷ 个性

原木的茶几诠释了自然的厚重感，皮革的沙发又表现出现代与时尚的意味，二者的结合让空间变得更有个性。

◉ 配色方案推荐

CMYK: 24-93-73-0 RGB: 206-48-62	CMYK: 39-96-100-5 RGB: 173-41-28	CMYK: 45-76-89-9 RGB: 155-82-49

CMYK: 78-79-66-42 RGB: 58-48-57	CMYK: 75-54-42-1 RGB: 81-112-132	CMYK: 30-90-64-0 RGB: 195-58-76	CMYK: 59-70-85-26 RGB: 107-75-50	CMYK: 73-85-51-15 RGB: 91-58-89	CMYK: 92-94-23-0 RGB: 56-49-127

CMYK: 2-26-46-0 RGB: 252-206-146	CMYK: 27-26-17-0 RGB: 195-188-196	CMYK: 53-96-90-38 RGB: 106-27-32	CMYK: 89-76-68-44 RGB: 30-49-56	CMYK: 38-31-38-0 RGB: 173-170-155	CMYK: 29-9-11-0 RGB: 194-117-225

◉ 精彩案例分析

该空间利用多彩的地毯和饶有趣味的装饰，打破了色彩的沉闷感。

灰白色调总是让人联想到苍白与空洞，但是空间中白色的墙壁与深色的地毯形成了强烈的对比，打破了视觉上的沉闷感。

石头结构的房屋在都市中甚是少见，这样个性化的创意让人有一种忘记喧嚣、回归自然的感觉。

CMYK: 59-96-89-51 RGB: 82-20-24	CMYK: 26-32-48-0 RGB: 202-178-138
CMYK: 36-27-76-0 RGB: 185-179-85	CMYK: 20-68-5-0 RGB: 216-112-171

CMYK: 86-85-67-52 RGB: 35-33-46	CMYK: 30-23-20-0 RGB: 189-191-195
CMYK: 88-81-3-62 RGB: 57-69-120	CMYK: 64-71-77-31 RGB: 93-69-55

CMYK: 55-95-100-45 RGB: 96-21-0	CMYK: 48-84-100-18 RGB: 140-59-6
CMYK: 25-38-91-0 RGB: 210-167-36	CMYK: 51-64-95-10 RGB: 140-99-45

3 案例欣赏

第 7 章

室内装饰设计的色彩印象

在室内装饰设计中，色彩的搭配十分重要，因为色彩是人类视觉中最响亮的语言符号。不同的色彩所表达的情感是不同的，给人的色彩印象也是完全不同的。人们常常为了营造某种格调或气氛，采用一定的配色去达到想要得到的视觉效果。

CMYK: 32-26-41-0
RGB: 188-183-154

CMYK: 46-56-74-1
RGB: 158-122-80

CMYK: 44-35-33-0
RGB: 159-159-159

CMYK: 15-17-31-0
RGB: 225-23-183

CMYK: 33-97-100-1
RGB: 187-36-33

CMYK: 44-69-67-3
RGB: 162-100-83

CMYK: 47-94-100-18
RGB: 143-41-28

CMYK: 19-15-18-0
RGB: 215-214-208

CMYK: 87-78-72-53
RGB: 30-40-44

CMYK: 70-63-74-24
RGB: 85-83-67

CMYK: 31-24-26-0
RGB: 188-187-182

CMYK: 50-49-49-0
RGB: 147-131-122

7.1 活泼VS忧郁

在室内装饰设计中，活泼的配色方案通常会采用饱和度较高、明度较高的色彩，如红色、黄色、橙色等。忧郁是一种伤感的情绪，象征着悲观和消极。忧郁的配色方案通常以灰色、青色为主色调，因为这种配色方案会给人一种压迫感，所以适用于较为宽敞的房间。

1. 活泼：说到活泼，会联想到儿童节孩子欢乐的笑脸、阳光下的向日葵……室内装饰设计中活泼的色彩，往往给人以热情、年轻、生气勃勃的感觉。

2. 忧郁：忧郁的色彩可以让人想起悲伤的爱情故事，或者是连绵不绝的秋雨，是一种消极的情绪。忧郁的室内色彩往往明度较低，通常在搭配上需要较为明快的点缀色，这样不仅可以提高空间的色彩层次，还可以让室内色彩的感情更加丰富。

红色与蓝色为对比色，在大面积的红色中添加少许的蓝色，整个色彩空间变得更加喧闹、活泼。

墙上的壁画采用类似色的配色方案，选择了与红色相近的紫色、玫红色作为点缀，使色调统一，富有变化。

在空间中添加了白色，可以在活泼的色彩感觉中寻找到一丝宁静。

沙发采用正红色，符合整个空间的配色感觉，使整个空间散发着热烈的气息。

CMYK: 5-98-98-0	CMYK: 42-100-100-9	CMYK: 892-49-0-0	CMYK: 20-92-0-0	CMYK: 66-61-100-25	CMYK: 84-100-59-27
RGB: 239-0-15	RGB: 165-0-18	RGB: 26-120-207	RGB: 219-15-153	RGB: 95-85-7	RGB: 71-3-73

1 活泼——充满自然气息的空间设计

蓝色与白色相间的墙壁装饰为空间增添了清凉之感，绿色的点缀色让自然气息扑面而来，这样的休息区为家人提供了更好的娱乐、交流的空间。

◉ 配色方案推荐

CMYK: 34-1-86-0
RGB: 194-221-54

CMYK: 3-24-67-0
RGB: 255-208-97

CMYK: 5-5-42-0
RGB: 252-242-170

CMYK: 51-27-100-0
RGB: 148-166-7

CMYK: 74-57-100-23
RGB: 77-90-15

CMYK: 69-58-47-1
RGB: 101-107-120

CMYK: 20-3-57-0
RGB: 223-233-136

CMYK: 55-2-85-0
RGB: 129-199-75

CMYK: 63-60-49-2
RGB: 117-106-114

CMYK: 93-84-41-5
RGB: 41-64-110

CMYK: 68-36-20-0
RGB: 92-146-183

CMYK: 87-83-73-61
RGB: 25-27-34

CMYK: 65-19-27-0
RGB: 90-173-189

CMYK: 75-48-39-0
RGB: 75-122-142

CMYK: 79-72-49-9
RGB: 73-79-103

◉ 精彩案例分析

白色墙壁的空间不免有些单调、乏味，搭配一些彩色的椅子立刻感觉焕然一新，原本单调的空间瞬间活泼了起来。

家居空间的设计既是色彩的搭配，也是细节的搭配。彩色线条的沙发放在房间的角落，可以绽放出无限活力。

橙色系的床上用品温暖又活泼，让整个空间充满了色彩所带来的欢乐。

CMYK: 11-75-93-0
RGB: 231-97-26

CMYK: 54-100-50-5
RGB: 144-9-86

CMYK: 4-83-47-0
RGB: 242-77-100

CMYK: 30-66-61-0
RGB: 194-111-92

CMYK: 27-89-76-0
RGB: 201-60-61

CMYK: 16-44-79-0
RGB: 65-162-65

CMYK: 65-47-19-0
RGB: 108-131-173

CMYK: 44-31-67-0
RGB: 164-166-103

CMYK: 4-14-21-0
RGB: 247-228-205

CMYK: 18-24-25-0
RGB: 217-198-187

CMYK: 12-10-64-0
RGB: 241-227-111

CMYK: 74-68-67-28
RGB: 73-72-70

② 活泼——小清新色调的空间设计

高明度、低纯度的配色方案让整间卧室显得柔和、舒缓，橙色的抱枕提升了色彩的饱和度，白色的家具与整个空间的色调相融合。

◉ 配色方案推荐

CMYK: 4-60-36-0 RGB: 245-137-137	CMYK: 5-38-13-0 RGB: 242-182-194	CMYK: 37-54-26-0 RGB: 178-133-156
CMYK: 50-39-59-0 RGB: 147-148-114	CMYK: 16-83-90-0 RGB: 220-77-37	CMYK: 36-41-66-0 RGB: 183-154-98
CMYK: 19-21-36-0 RGB: 218-202-168	CMYK: 25-19-23-0 RGB: 193-201-193	CMYK: 34-29-22-0 RGB: 180-177-184
CMYK: 26-64-48-0 RGB: 202-117-114	CMYK: 72-37-100-1 RGB: 90-136-12	CMYK: 21-16-14-0 RGB: 210-210-212
CMYK: 52-33-33-0 RGB: 140-158-162	CMYK: 0-30-2-0 RGB: 255-204-222	CMYK: 27-6-16-0 RGB: 199-224-220

◉ 精彩案例分析

这是一间婴儿房，墙上的彩色壁画色彩鲜艳、丰富，不仅符合婴儿的年龄特点，还有助于培养婴儿的性格。

狭小的房间最适合以白色作为主色调，因为白色有延展空间的作用，白色的基调也让彩色的装饰更加突出。

灰色调的墙壁略带沉闷、压抑之感，洋红色的壁画却让整个空间变得丰富、活泼起来。

CMYK: 14-97-83-0 RGB: 224-24-46	CMYK: 12-39-92-0 RGB: 235-172-16
CMYK: 50-27-36-0 RGB: 143-169-163	CMYK: 18-98-100-0 RGB: 217-23-10

CMYK: 37-25-19-0 RGB: 174-182-193	CMYK: 85-61-15-0 RGB: 41-100-166
CMYK: 76-7-79-0 RGB: 20-175-97	CMYK: 18-25-38-5 RGB: 220-197-163

CMYK: 34-40-57-0 RGB: 186-157-115	CMYK: 0-88-47-0 RGB: 255-56-95
CMYK: 32-20-18-0 RGB: 185-194-201	CMYK: 59-49-45-0 RGB: 125-126-128

③ 忧郁——安静、低沉的空间设计

深灰色总会让人联想到天空的乌云、冰凉的金属，深灰色的空间也会让人感觉肃静、忧郁。灰色的墙壁与灰色的沙发相呼应，墙上高明度的壁画提升了空间的明度，活跃了空间的气氛。

◉ 配色方案推荐

CMYK: 76-60-61-12 RGB: 78-94-93	CMYK: 52-34-34-0 RGB: 140-157-160	CMYK: 80-67-75-38 RGB: 51-64-56

CMYK: 64-54-44-0 RGB: 113-117-128	CMYK: 36-25-18-0 RGB: 177-183-195	CMYK: 48-37-23-0 RGB: 150-155-176	CMYK: 47-50-46-0 RGB: 155-133-127	CMYK: 41-31-33-0 RGB: 166-169-164	CMYK: 11-76-58-0 RGB: 230-95-89
CMYK: 46-86-70-8 RGB: 154-63-70	CMYK: 28-33-43-0 RGB: 197-174-145	CMYK: 55-60-80-9 RGB: 132-105-68	CMYK: 54-44-41-0 RGB: 135-136-138	CMYK: 36-24-0-0 RGB: 176-189-234	CMYK: 57-56-67-5 RGB: 130-113-89

◉ 精彩案例分析

低明度的配色方案给人一种低调、压抑之感，红色的床头灯让色彩更加活跃。

青灰色调的墙壁是该空间的主色调，良好的采光让空间变得优雅、静谧。

该空间利用色彩来划分餐厅和客厅，沙发、地毯和窗帘的色彩相互映衬。

CMYK: 63-53-51-1 RGB: 114-118-117	CMYK: 75-71-78-44 RGB: 60-56-47	CMYK: 65-63-50-3 RGB: 112-100-110	CMYK: 21-34-46-0 RGB: 212-178-140	CMYK: 64-48-31-0 RGB: 111-128-154	CMYK: 87-78-65-42 RGB: 38-48-59
CMYK: 50-53-68-1 RGB: 149-125-91	CMYK: 17-14-17-0 RGB: 220-217-210	CMYK: 25-24-20-0 RGB: 202-193-194	CMYK: 79-83-69-52 RGB: 49-36-45	CMYK: 62-59-68-10 RGB: 115-102-83	CMYK: 15-10-6-0 RGB: 224-227-234

第7章

4 忧郁——温馨、惬意的空间设计

灰色给人低调、沉闷的感觉，狭小的空间布局紧凑、合理，黄色靠垫营造出温馨、惬意的氛围。

CMYK: 34-27-25-0	CMYK: 65-72-80-36
RGB: 181-181-181	RGB: 85-63-49

CMYK: 25-27-63-0	CMYK: 73-67-59-16
RGB: 208-186-110	RGB: 83-82-88

◉ 配色方案推荐

CMYK: 22-48-49-0	CMYK: 27-33-64-0	CMYK: 64-48-89-4
RGB: 211-151-123	RGB: 202-175-106	RGB: 113-123-63

CMYK: 72-50-47-1	CMYK: 72-58-51-3	CMYK: 67-72-48-5
RGB: 89-119-127	RGB: 92-105-113	RGB: 108-84-106

CMYK: 59-62-91-17	CMYK: 54-58-100-8	CMYK: 48-86-100-18
RGB: 116-93-49	RGB: 135-109-35	RGB: 141-57-13

◉ 精彩案例分析

在该空间中，深色家具与墙壁产生强烈的对比，青色的壁画让空间变得富有艺术气息。

青色的吊顶和棕色的墙面、地板产生微弱的对比，让整个空间的氛围平和、舒缓。

同类色系的配色方案让整个空间的色调统一，白色的飘窗减轻了空间色彩明度过低所带来的压迫感。

CMYK: 69-59-59-8	CMYK: 48-49-49-0
RGB: 98-100-97	RGB: 151-133-123

CMYK: 12-11-18-0	CMYK: 78-62-46-3
RGB: 232-226-212	RGB: 76-98-119

CMYK: 69-41-49-0	CMYK: 71-59-55-6
RGB: 95-134-131	RGB: 94-102-104

CMYK: 28-39-51-0	CMYK: 62-68-78-24
RGB: 199-163-127	RGB: 104-79-59

CMYK: 78-67-82-43	CMYK: 72-54-61-6
RGB: 46-61-46	RGB: 88-108-99

CMYK: 72-71-74-38	CMYK: 75-59-51-5
RGB: 71-62-55	RGB: 83-101-111

5 案例欣赏

7.2 朴实VS华贵

与华丽、精致不同，朴实的配色方案呈现的是一种自然的状态，通常会利用以棉、麻、木头等为主的材质来强调。华贵风格的室内装饰设计优雅从容、庄重大方，通常会采用金色、银色或紫色为主色调。

1.朴实：朴实的色彩空间通常不会采用太多装饰，在使用色彩方面偏重灰色系的色彩。

2.华贵：欧式洛可可风格体现了华贵的色彩印象，很有代表性。华贵的空间风格，通常具有轻盈、华丽、精致、细腻的特征。

水晶吊灯显示出奢华与气派。

墙上的油画凸显了居住者的品味。

灰色的沙发与整个空间色调统一，带有花纹的靠垫透露出欧式的优雅。

大面积的地毯让空间变得更加舒适。

| CMYK: 46-38-32-0 | CMYK: 51-45-44-0 | CMYK: 33-41-87-0 | CMYK: 69-67-82-36 | CMYK: 78-73-66-35 | CMYK: 82-71-52-13 |
| RGB: 155-153-158 | RGB: 142-137-133 | RGB: 191-156-53 | RGB: 78-68-49 | RGB: 61-60-64 | RGB: 64-77-97 |

1 朴实——舒适、优雅的空间设计

在该空间中，灰褐色系的墙壁与床上用品相互呼应，采用同类色系的酱橙色进行点缀，整个空间色调统一且充满了变化。

◉ 配色方案推荐

CMYK: 51–55–82–4 RGB: 145–119–68	CMYK: 43–46–79–0 RGB: 166–141–74	CMYK: 29–34–69–0 RGB: 200–172–94
CMYK: 2–14–31–0 RGB: 254–230–186	CMYK: 47–76–68–7 RGB: 151–83–76	CMYK: 68–72–50–8 RGB: 104–83–102

CMYK: 39–40–42–0 RGB: 173–155–141	CMYK: 66–60–59–8 RGB: 105–100–97	CMYK: 24–54–55–0 RGB: 206–139–110
CMYK: 59–68–78–21 RGB: 112–81–60	CMYK: 76–73–64–31 RGB: 68–63–69	CMYK: 54–53–37–0 RGB: 137–123–138

CMYK: 75–71–34–1 RGB: 91–87–129	CMYK: 50–65–67–5 RGB: 146–102–83
	CMYK: 62–54–52–1 RGB: 117–115–113

◉ 精彩案例分析

该餐厅采用的色彩多源于自然。古朴、自然的褐色顶棚与深色的桌椅相得益彰。

中明度的色彩基调给人以宁静、舒缓的心理感受，这样的卧室配色方案可以提高睡眠的质量。

该空间的墙面设计是最大的亮点。暖色系的墙壁符合整个空间的配色基调，不规则的镜子装饰让空间充满变化，地面上的条形地毯营造出富有韵律的动感。

CMYK: 57–72–100–28 RGB: 111–70–19	CMYK: 79–89–92–74 RGB: 29–5–0
CMYK: 42–38–68–0 RGB: 167–155–97	CMYK: 14–18–32–0 RGB: 228–212–179

CMYK: 40–38–39–0 RGB: 169–156–147	CMYK: 9–23–30–0 RGB: 238–207–179
CMYK: 87–81–85–71 RGB: 17–19–16	CMYK: 55–60–72–7 RGB: 132–105–78

CMYK: 22–20–29–0 RGB: 209–202–183	CMYK: 53–46–61–0 RGB: 140–135–106
CMYK: 46–44–64–0 RGB: 158–143–102	CMYK: 72–69–83–43 RGB: 66–59–43

2 朴实——别致、清雅的空间设计

这是一间东南亚风格的客厅。青灰色的木门搭配褐色的家具，流露出浓浓的异域风情。雕工细致的梳妆镜和茶几体现出居住者对生活品位的追求。

◉ 配色方案推荐

CMYK: 91-89-62-43
RGB: 31-36-58

CMYK: 72-44-57-1
RGB: 86-128-116

CMYK: 35-4-24-0
RGB: 180-219-206

CMYK: 45-92-65-6
RGB: 159-51-74

CMYK: 47-40-41-0
RGB: 152-149-142

CMYK: 39-42-44-0
RGB: 173-151-137

CMYK: 72-62-23-0
RGB: 96-103-153

CMYK: 20-12-62-0
RGB: 223-217-119

CMYK: 60-65-65-11
RGB: 119-93-83

CMYK: 44-58-64-1
RGB: 164-120-94

CMYK: 73-56-57-6
RGB: 87-106-104

CMYK: 56-75-83-26
RGB: 113-68-50

CMYK: 56-50-59-1
RGB: 134-126-107

◉ 精彩案例分析

该空间的面积很大，色彩也很丰富。创意十足的吊顶，让整个空间显得别致、独特。

低明度的配色方案给人一种稳重、深沉的感觉。

舒适的座椅可以为生活增添更多的色彩和情趣。

CMYK: 58-74-94-31
RGB: 105-66-37

CMYK: 44-39-74-0
RGB: 164-153-87

CMYK: 59-66-78-18
RGB: 115-87-63

CMYK: 81-83-91-72
RGB: 27-17-8

CMYK: 50-96-88-27
RGB: 124-33-40

CMYK: 80-79-95-68
RGB: 31-25-9

CMYK: 60-64-68-12
RGB: 116-94-80

CMYK: 44-71-98-6
RGB: 160-93-38

CMYK: 19-29-38-0
RGB: 217-188-159

CMYK: 66-66-79-27
RGB: 92-77-57

CMYK: 31-63-93-0
RGB: 193-116-39

CMYK: 23-27-34-0
RGB: 208-190-168

3 华贵——细腻、奢华的空间设计

在该空间中，完美的线条、精益求精的细节，加上雕刻与描边精美的双人床，给人一种身处宫殿般的贵族感受。

◎ 配色方案推荐

CMYK: 50-64-60-3 RGB: 148-104-95	CMYK: 42-82-72-5 RGB: 165-73-69	CMYK: 23-71-55-0 RGB: 207-103-98
CMYK: 31-29-32-0 RGB: 190-189-167	CMYK: 24-35-58-0 RGB: 208-174-117	CMYK: 13-30-57-0 RGB: 232-190-121

CMYK: 54-59-61-3 RGB: 138-110-96	CMYK: 18-61-97-0 RGB: 220-126-11	CMYK: 38-58-86-0 RGB: 178-123-58
CMYK: 51-43-35-0 RGB: 142-141-149	CMYK: 24-24-22-0 RGB: 203-193-190	CMYK: 62-75-87-40 RGB: 88-57-39
CMYK: 65-82-67-35 RGB: 89-51-59	CMYK: 49-44-33-0 RGB: 148-142-153	CMYK: 15-32-9-0 RGB: 224-188-206

◎ 精彩案例分析

金色系的配色方案本身就给人一种华贵的感觉，再加上皮质的沙发，为空间更增添了奢华的气质。

黑色与金属色的搭配，给人华丽的印象，圆形的床为空间增加了流动感。

欧式风格的奢华、细腻，红色与香槟色的搭配，给人以鲜明、活泼的感觉。

CMYK: 69-64-55-8 RGB: 98-93-99	CMYK: 20-25-38-0 RGB: 24-195-162
CMYK: 69-96-64-44 RGB: 75-25-50	CMYK: 43-57-71-1 RGB: 165-121-84

CMYK: 57-69-88-22 RGB: 116-80-49	CMYK: 88-83-83-73 RGB: 15-15-15
CMYK: 39-64-99-1 RGB: 176-109-32	CMYK: 70-77-78-50 RGB: 65-45-40

CMYK: 59-62-67-10 RGB: 122-99-83	CMYK: 71-74-68-33 RGB: 78-62-63
CMYK: 56-82-58-11 RGB: 130-67-84	CMYK: 52-97-81-30 RGB: 118-30-44

4 华贵——华美、绚烂的空间设计

该空间注重表现材料的质感和光泽，多采用几何形状或折线的造型设计进行装饰，华丽的水晶吊灯为空间增添了富丽绚烂的视觉印象。

◎ 配色方案推荐

CMYK: 74-53-42-1 RGB: 83-114-132	CMYK: 42-69-66-1 RGB: 167-101-85	CMYK: 51-96-90-29 RGB: 122-33-37
CMYK: 72-73-69-35 RGB: 73-61-61	CMYK: 40-46-65-0 RGB: 173-144-99	CMYK: 51-52-68-1 RGB: 146-126-92
CMYK: 53-37-63-0 RGB: 141-149-108	CMYK: 52-80-89-23 RGB: 126-65-44	CMYK: 68-74-92-50 RGB: 67-49-29
CMYK: 49-57-47-0 RGB: 151-119-120	CMYK: 38-31-42-0 RGB: 173-170-148	CMYK: 75-61-81-29 RGB: 68-79-58
CMYK: 64-57-53-3 RGB: 112-109-109	CMYK: 50-47-55-0 RGB: 148-135-114	CMYK: 43-55-92-1 RGB: 168-124-50

◎ 精彩案例分析

该空间中的复古设计彰显了新贵的优雅气质，整体呈现出摩登、时尚的生活态度。

在该空间中，大理石的材质折射出冰冷的光芒，青灰色调散发出宁静的气息。

在该空间中，家具不仅美观精致，更强调了服务功能，可以让生活变得惬意舒适。

CMYK: 81-56-53-5 RGB: 60-103-112	CMYK: 66-61-74-17 RGB: 100-92-71	CMYK: 76-69-68-32 RGB: 67-67-65	CMYK: 38-33-49-0 RGB: 176-167-134	CMYK: 81-73-60-26 RGB: 60-66-78	CMYK: 40-43-55-0 RGB: 171-149-118
CMYK: 36-86-97-2 RGB: 181-68-38	CMYK: 41-59-73-1 RGB: 171-119-79	CMYK: 93-88-85-77 RGB: 2-3-7	CMYK: 58-55-67-5 RGB: 126-114-90	CMYK: 41-33-31-0 RGB: 164-164-164	CMYK: 76-62-100-36 RGB: 63-72-8

5 案例欣赏

第7章

7.3 温暖VS清凉

温暖体现了一种和煦的风格，让人联想到春日里的阳光，室内装饰设计的温暖感可以通过色彩或材质来呈现。清凉的色彩印象与寒冷不同，通常会给人一种清清爽爽、干干净净的感觉。

1. 温暖：温暖的配色方案通常会选择黄色、橙色等色调。

2. 清凉：地中海风格的室内装饰设计是典型的清凉色调，通常会以白色作为主色调，以青色、蓝色作为点缀色。

青色调让整个空间色调统一，清爽、干净。

青色的椅子造型别致，色调醒目。

长毛地毯的灰色与床头的色彩相互映衬。

在这间卧室中，窗户的面积很大，采光良好。

CMYK: 44-23-28-0
RGB: 157-180-180

CMYK: 78-65-64-23
RGB: 67-78-78

CMYK: 77-40-22-0
RGB: 55-135-177

CMYK: 58-47-42-0
RGB: 125-131-135

CMYK: 46-41-46-0
RGB: 155-147-133

CMYK: 72-78-89-59
RGB: 52-36-24

1 温暖——明亮、温馨的空间设计

明亮的黄色给人一种温暖、鲜明的视觉印象，以简洁的纯色来装扮卧室，可以满足人们追求简单和自然的心理。

◎ 配色方案推荐

CMYK: 19-4-20-0 RGB: 218-232-214	CMYK: 14-78-44-0 RGB: 225-89-108	CMYK: 13-33-66-0 RGB: 232-184-99
CMYK: 10-17-89-0 RGB: 246-216-6	CMYK: 24-60-81-0 RGB: 206-125-60	CMYK: 20-84-90-0 RGB: 213-75-38
CMYK: 22-26-52-0 RGB: 213-192-135	CMYK: 37-71-29-0 RGB: 181-101-136	
CMYK: 56-60-74-8 RGB: 130-105-75	CMYK: 39-52-65-0 RGB: 176-133-95	CMYK: 27-21-21-0 RGB: 195-195-194
CMYK: 57-13-37-0 RGB: 120-186-174	CMYK: 61-28-15-0 RGB: 108-163-200	
CMYK: 22-22-59-0 RGB: 216-199-121		
CMYK: 42-16-29-0 RGB: 163-194-186		

◎ 精彩案例分析

白色是一种充满灵性的色彩，该空间以白色作为主色调，体现了明快的简约主义，是国际流行的设计风格。

CMYK: 10-9-42-0 RGB: 242-232-168	CMYK: 13-17-27-0 RGB: 230-215-190
CMYK: 35-47-60-0 RGB: 183-144-106	CMYK: 8-9-20-0 RGB: 241-234-212

麻布材质本身散发着温暖的气息，搭配橙色条纹抱枕，让整个房间充满温馨、惬意之感。

CMYK: 0-90-97-0 RGB: 250-52-0	CMYK: 0-51-91-0 RGB: 255-154-0
CMYK: 26-54-74-0 RGB: 204-136-76	CMYK: 47-84-100-16 RGB: 143-62-30

酱黄色的墙面与青色的床单产生了冷暖的对比，让整个空间的色彩活泼、灵动。

CMYK: 32-44-75-0 RGB: 192-152-80	CMYK: 20-26-42-0 RGB: 215-193-154
CMYK: 40-42-52-0 RGB: 170-150-123	CMYK: 59-13-37-0 RGB: 114-184-174

② 温暖——浪漫、热情的空间设计

该空间采用中明度的配色方案，褐色与姜黄色的搭配给人一种温暖的感觉，棉布窗帘与麻布沙发更散发出暖意，使整个空间洋溢着浪漫与热情。

◎ 配色方案推荐

CMYK: 14-11-13-0 RGB: 226-225-221	CMYK: 25-29-27-0 RGB: 202-185-178	CMYK: 45-64-56-1 RGB: 162-109-103
CMYK: 50-24-29-0 RGB: 164-119-88	CMYK: 44-58-68-1 RGB: 164-119-88	CMYK: 33-41-60-0 RGB: 188-156-109
CMYK: 69-54-78-12 RGB: 94-105-73	CMYK: 43-80-83-7 RGB: 161-77-56	CMYK: 3-38-35-0 RGB: 247-183-158

CMYK: 64-82-94-55 RGB: 69-36-21	CMYK: 47-54-74-1 RGB: 156-125-81	CMYK: 47-57-90-3 RGB: 157-118-53
CMYK: 53-82-76-21 RGB: 126-63-58	CMYK: 78-61-43-1 RGB: 74-100-125	CMYK: 47-41-33-0 RGB: 151-148-155

◎ 精彩案例分析

黄色系的灯光增加了空间的层次，也使空间温暖起来。

CMYK: 62-89-100-56 RGB: 71-25-9	CMYK: 30-50-61-0 RGB: 193-142-103
CMYK: 20-22-19-0 RGB: 212-201-198	CMYK: 61-74-97-38 RGB: 92-60-30

简约风格的卧室设计给人一种单纯、亲和之感，墙壁上的抽象壁画充分体现了居住者的品位。

CMYK: 32-27-39-0 RGB: 188-182-158	CMYK: 83-76-49-12 RGB: 64-71-99
CMYK: 28-34-68-0 RGB: 202-172-96	CMYK: 52-60-83-7 RGB: 141-108-64

该空间采用单色系的配色方案，黄色系给人一种温暖之感，木质装饰散发着自然、朴实的气息。

CMYK: 64-67-73-23 RGB: 99-80-66	CMYK: 38-58-87-0 RGB: 179-123-56
CMYK: 71-81-86-62 RGB: 51-30-23	CMYK: 39-46-53-0 RGB: 174-144-118

③ 清凉——如海风拂面的空间设计

该空间属于典型的地中海装饰风格，白色与青色的搭配使人联想到碧海与蓝天，整个空间散发出清新的气息。

CMYK：82-49-17-0
RGB：39-120-176

CMYK：10-8-5-0
RGB：233-234-238

CMYK：45-51-50-0
RGB：160-132-120

CMYK：77-89-87-72
RGB：34-10-10

◉ 配色方案推荐

CMYK：46-26-10-0
RGB：151-177-210

CMYK：80-57-13-0
RGB：60-108-172

CMYK：11-22-48-0
RGB：236-206-144

CMYK：11-11-16-0
RGB：233-228-217

CMYK：61-26-15-0
RGB：107-167-203

CMYK：29-29-28-0
RGB：193-182-176

CMYK：92-75-0-0
RGB：0-0-255

CMYK：25-18-16-0
RGB：201-202-205

CMYK：4-56-58-0
RGB：244-144-101

◉ 精彩案例分析

在该空间中，青色的墙壁与水面相互呼应，绿色的植物让人感觉到夏日的阵阵清凉。

白色有延伸空间的作用，配以蓝色，整个空间清爽宜人。

蓝色调的儿童房让人有一种置身于童话世界的感觉，大树的设计为空间注入了更多的活力与生机。

CMYK：39-8-14-0
RGB：169-211-221

CMYK：63-61-70-13
RGB：110-97-79

CMYK：28-21-18-0
RGB：195-196-200

CMYK：69-14-21-0
RGB：62-178-205

CMYK：42-20-23-0
RGB：163-188-193

CMYK：80-36-38-0
RGB：30-137-155

CMYK：52-73-95-18
RGB：131-79-41

CMYK：100-100-64-49
RGB：0-17-52

CMYK：41-54-37-0
RGB：170-131-139

CMYK：43-98-100-11
RGB：159-28-5

CMYK：41-27-75-0
RGB：172-175-88

CMYK：36-87-92-2
RGB：182-66-44

④ 清凉——和谐、安静的空间设计

在该空间中，淡青色的墙壁散发着凉意，再搭配白色的家具和地面装饰，整个空间给人以和谐、安静之感。

◎ 配色方案推荐

CMYK: 30-56-60-0 RGB: 193-132-101	CMYK: 54-1-42-0 RGB: 127-205-174	CMYK: 43-11-15-0 RGB: 156-203-218

CMYK: 27-19-27-0 RGB: 198-200-186	CMYK: 78-29-43-0 RGB: 34-147-151	CMYK: 73-13-68-0 RGB: 58-171-115

CMYK: 30-28-0-0 RGB: 191-186-230	CMYK: 6-19-0-0 RGB: 243-219-240	CMYK: 77-39-15-0 RGB: 48-138-191

CMYK: 76-69-80-44 RGB: 58-58-46	CMYK: 54-63-90-13 RGB: 130-97-52	CMYK: 26-23-38-0 RGB: 202-193-162

CMYK: 33-13-12-0 RGB: 184-207-220	CMYK: 16-14-15-0 RGB: 222-218-214	CMYK: 19-49-37-0 RGB: 216-151-144

◎ 精彩案例分析

这间浴室采用了高明度的配色方案，墙壁上的淡蓝色瓷砖使空间的色彩更加丰富。

CMYK: 15-11-8-0 RGB: 223-224-229	CMYK: 31-24-12-0 RGB: 187-189-208
CMYK: 8-4-0-0 RGB: 239-243-254	CMYK: 36-36-48-0 RGB: 180-163-135

该空间以白色作为主色调，黑色的沙发增加了空间色彩的层次感。

CMYK: 14-11-9-0 RGB: 224-225-227	CMYK: 24-17-18-0 RGB: 203-205-204
CMYK: 76-48-1-0 RGB: 68-125-200	CMYK: 92-90-59-39 RGB: 32-38-63

淡青色调的卧室设计给人一种古老、怀旧的感觉。

CMYK: 91-84-66-48 RGB: 26-38-52	CMYK: 57-38-36-0 RGB: 127-146-152
CMYK: 36-22-38-0 RGB: 178-186-163	CMYK: 62-51-57-2 RGB: 118-120-108

5 案例欣赏

第 7 章

7.4 现代VS怀旧

现代风格的室内装饰设计，通常给人一种精致、柔美、富有节奏的感觉。说到怀旧，可能让人联想到色彩斑驳的家具，也可能让人联想到褪了色的玩具，或者是小时候某种熟悉的味道，可以通过色彩并配合装饰，营造怀旧的韵味。

1. 现代：具有现代感觉的色彩印象在色彩的选择上没有固定的范围，但是通常会追求色彩的实用性和灵活性。

2. 怀旧：怀旧的色彩印象，通常会以灰色、咖啡色等作为主色调。

木质结构的吊顶，还原了自然的味道。

占据整面墙的彩绘图案，给人以舒展的感觉。

灰色的布艺沙发与墙上壁画的色彩相互映衬。

带有编制纹理的座椅，美观与实用并存。

黑白条纹的地毯让室内的色彩语言更加活泼、欢乐。

CMYK: 32-32-36-0 RGB: 188-174-158	CMYK: 56-51-69-2 RGB: 132-123-90	CMYK: 52-89-96-32 RGB: 115-44-31	CMYK: 75-75-76-50 RGB: 55-46-43	CMYK: 78-84-89-71 RGB: 32-18-12	CMYK: 43-54-90-1 RGB: 167-126-53

① 现代——灵动、静雅的空间设计

该空间采用浅色系的配色方案，空灵的白色搭配墙壁上的树图案，时尚、现代的感觉油然而生，地面上的碎花地毯为生活增添了更多情趣。

◉ 配色方案推荐

CMYK: 48-37-55-0 RGB: 152-153-122	CMYK: 31-20-40-0 RGB: 190-194-161	CMYK: 10-7-20-0 RGB: 237-235-212
CMYK: 67-58-59-6 RGB: 102-104-99	CMYK: 16-51-55-0 RGB: 222-148-111	CMYK: 28-37-73-0 RGB: 201-166-85
CMYK: 52-85-59-27 RGB: 122-55-41	CMYK: 51-93-67-15 RGB: 138-46-67	CMYK: 58-61-99-15 RGB: 122-97-41

CMYK: 62-51-57-2 RGB: 118-120-108	CMYK: 16-14-14-0 RGB: 222-218-215
CMYK: 50-56-66-2 RGB: 149-119-92	CMYK: 80-82-76-63 RGB: 36-27-30

◉ 精彩案例分析

低纯度的配色方案减弱了整个卧室空间的色彩对比，使居住者的情绪更舒缓、宁静。

CMYK: 52-55-72-3 RGB: 144-119-83	CMYK: 39-60-75-1 RGB: 175-118-75
CMYK: 73-70-91-48 RGB: 61-55-33	CMYK: 58-50-60-1 RGB: 127-124-105

青灰色的墙面让人感觉冰冷，搭配白色的飘窗和白色的座椅，使整个空间变得更明亮，多彩的菱格条纹地毯为空间增添了热烈的感觉。

CMYK: 72-62-59-12 RGB: 87-93-93	CMYK: 25-16-17-0 RGB: 200-206-206
CMYK: 37-80-100-2 RGB: 179-79-28	CMYK: 14-70-0-0 RGB: 250-100-198

该空间将现代与简约、实用与艺术融合在一起，呈现出创意十足而又挥洒自如的办公环境。

CMYK: 52-38-40-0 RGB: 140-149-146	CMYK: 17-13-10-0 RGB: 218-219-223
CMYK: 78-78-90-66 RGB: 36-29-18	CMYK: 48-46-45-0 RGB: 150-137-131

第7章

② 现代——率真、朴素的空间设计

该空间利用麻布材质向人们传递着温情，墙面上的红色系壁画让空间的色彩更加浓烈、饱满。

◎ 配色方案推荐

CMYK: 30-65-81-0 RGB: 194-114-61	CMYK: 15-52-60-0 RGB: 224-146-101	CMYK: 43-19-76-0 RGB: 167-186-89
CMYK: 33-26-25-0 RGB: 182-182-182	CMYK: 14-12-20-0 RGB: 226-223-208	CMYK: 32-34-41-0 RGB: 189-171-149
CMYK: 54-62-74-8 RGB: 134-103-75	CMYK: 68-49-72-5 RGB: 101-119-87	CMYK: 46-54-70-1 RGB: 159-126-87

CMYK: 29-26-90-0 RGB: 203-185-41	CMYK: 12-91-94-0 RGB: 227-53-29	CMYK: 26-50-86-0 RGB: 204-143-52
CMYK: 48-45-47-0 RGB: 150-140-130	CMYK: 40-55-80-0 RGB: 173-126-70	CMYK: 8-14-29 RGB: 241-225-191

◎ 精彩案例分析

灰色系的配色方案给人一种低调、朴素之感，同类色系的配色方案使整个空间色调统一。

该空间将简约和时尚演绎得淋漓尽致，纯白色调的空间搭配四季轮回主题的壁画，尽显家居的温情暖意。

该空间采用高明度的配色方案，墙壁上的抽象壁画是空间的点睛之笔。

CMYK: 59-62-68-10 RGB: 120-99-82	CMYK: 20-22-27-0 RGB: 214-201-185	CMYK: 19-15-7-0 RGB: 214-214-226	CMYK: 72-76-88-56 RGB: 55-41-28	CMYK: 26-29-52-0 RGB: 203-183-133	CMYK: 74-78-86-60 RGB: 48-34-25
CMYK: 84-83-87-73 RGB: 21-16-12	CMYK: 64-66-66-16 RGB: 104-87-79	CMYK: 45-89-94-12 RGB: 152-56-42	CMYK: 12-6-0-0 RGB: 230-237-253	CMYK: 62-55-65-5 RGB: 117-112-93	CMYK: 35-55-80-0 RGB: 184-130-68

③ 怀旧——风格凝炼的空间设计

墙壁上大幅的中国画凸显了居住者的品位，棕色调的家具秉承了中国古典的色彩元素，青灰色的床上用品与整个房间的色调相融合，流露出怀旧的气息。

◎ 配色方案推荐

CMYK: 25-24-15-0
RGB: 201-194-202

CMYK: 62-55-42-0
RGB: 117-116-130

CMYK: 72-81-52-15
RGB: 92-64-89

CMYK: 39-46-85-0
RGB: 177-144-62

CMYK: 68-52-53-2
RGB: 100-116-114

CMYK: 40-35-43-0
RGB: 169-162-143

CMYK: 24-6-59-0
RGB: 213-224-130

CMYK: 37-27-77-0
RGB: 183-177-83

CMYK: 571-83-87-63
RGB: 51-27-20

CMYK: 39-28-32-0
RGB: 169-175-168

CMYK: 59-85-85-44
RGB: 90-41-35

CMYK: 53-56-43-0
RGB: 142-120-128

CMYK: 63-77-62-20
RGB: 106-68-76

◎ 精彩案例分析

这是欧式风格的家居设计，弧形的桌子不仅完美地利用了空间，更为空间增加了流畅之感。

红棕色调的配色方案给人一种厚重之感，原木家具简洁明快的线条让家居空间更具品位。

在该空间中没有过多的色彩，黄褐色调的墙壁与床具相呼应，为空间增添了神秘、厚重之感。

CMYK: 59-89-100-51
RGB: 81-30-10

CMYK: 59-67-100-26
RGB: 109-78-8

CMYK: 48-61-79-5
RGB: 151-109-69

CMYK: 70-77-78-50
RGB: 65-45-40

CMYK: 82-86-77-67
RGB: 31-19-25

CMYK: 38-41-55-0
RGB: 175-153-119

CMYK: 58-69-97-25
RGB: 111-77-37

CMYK: 51-53-68-1
RGB: 147-124-91

CMYK: 62-59-64-8
RGB: 115-104-91

CMYK: 58-81-79-35
RGB: 100-53-47

CMYK: 87-82-67-49
RGB: 34-39-50

CMYK: 43-28-28-0
RGB: 161-173-175

4 怀旧——传统与现代相结合的空间设计

该空间的色彩比较丰富，红色系的家具透出女性的气质，也流露出家居的温馨。墙壁上的儿童肖像美观、文艺，地面上红绿相间的手工地毯传统、细腻。

◉ 配色方案推荐

CMYK: 18-29-33-0
RGB: 217-189-168

CMYK: 37-62-51-0
RGB: 178-117-112

CMYK: 32-46-45-0
RGB: 188-149-132

CMYK: 6-21-60-0
RGB: 249-213-117

CMYK: 40-77-67-2
RGB: 172-87-80

CMYK: 43-36-41-0
RGB: 161-157-145

CMYK: 20-10-21-0
RGB: 214-222-207

CMYK: 57-46-76-1
RGB: 132-132-82

CMYK: 7-95-39-0
RGB: 236-19-100

CMYK: 22-23-30-0
RGB: 210-197-178

CMYK: 77-71-76-44
RGB: 54-55-49

CMYK: 41-42-66-0
RGB: 171-149-99

CMYK: 92-88-86-78
RGB: 4-2-5

CMYK: 44-62-32-0
RGB: 165-115-140

CMYK: 41-41-68-0
RGB: 172-151-96

◉ 精彩案例分析

墙壁上斑驳的人物肖像流露出岁月的痕迹，原木家具给人一种时间的沉淀之感。

CMYK: 12-19-37-0
RGB: 233-212-169

CMYK: 38-67-90-1
RGB: 178-105-49

CMYK: 57-44-45-0
RGB: 128-135-133

CMYK: 61-67-74-20
RGB: 108-83-66

红棕色调的配色方案给人一种古朴、醇厚之感，搭配蓝色的绸缎靠枕，整个空间流露出俏丽的异国风情。

CMYK: 66-73-78-39
RGB: 81-59-49

CMYK: 84-73-41-3
RGB: 64-81-118

CMYK: 45-58-68-1
RGB: 162-119-87

CMYK: 25-18-13-0
RGB: 200-203-212

在该空间中没有吵闹的色彩，也没有跳跃的装饰，只是将丰富的情感融入到简约的设计中，从而回归到生活的本质。

CMYK: 21-20-16-0
RGB: 209-203-205

CMYK: 56-69-76-17
RGB: 121-84-65

CMYK: 92-92-58-38
RGB: 35-36-64

CMYK: 91-87-88-78
RGB: 4-4-2

5 案例欣赏

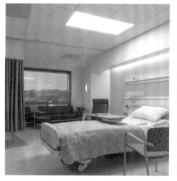

第7章

7.5 青春VS浪漫

青春本是用来形容年华的词汇，现在更多的是用来形容一种状态。青春象征着活力、自由，以及奔放不羁的无拘无束。说到浪漫，首先会联想到爱情、玫瑰，还有粉红色，但是这些还不能完全代表浪漫，浪漫是一种情怀，是一种心态，更是一种如诗词般的意境。

1.青春：具有青春的色彩印象的室内装饰设计，通常会采用纯度和明度较高的色彩，并选择互补色系或对比色系的配色方案。

2.浪漫：在室内装饰设计中，一般通过色彩和装饰来营造浪漫的气氛。紫色、玫瑰红等色彩具有很强的浪漫气息，是浪漫的代表色彩。

采用灯具进行空间上的装饰，是现代都市人常用的手法。

墙上具有民族特色的装饰画与地毯的风格统一。

布艺沙发感觉舒适且环保。

图案严谨的地毯，带有浓厚的民族色彩。

造型简约的茶几符合整个空间的格调。

CMYK: 40-63-62-0
RGB: 172-114-95

CMYK: 51-43-41-0
RGB: 141-140-140

CMYK: 75-62-54-8
RGB: 80-95-104

CMYK: 27-30-35-0
RGB: 199-181-163

CMYK: 67-50-56-2
RGB: 103-119-112

CMYK: 70-66-62-17
RGB: 91-84-83

1 青春——如春天般的空间设计

该空间采用类似色系的配色方案，淡青的墙壁搭配嫩绿色的床上用品，总体给人一种青春、温暖的视觉印象。

◎ 配色方案推荐

CMYK: 15-11-12-0
RGB: 224-224-222

CMYK: 59-15-0-0
RGB: 94-188-253

CMYK: 8-26-0-0
RGB: 255-206-255

CMYK: 38-29-0-0
RGB: 172-179-255

CMYK: 35-4-0-0
RGB: 176-223-255

CMYK: 20-0-42-0
RGB: 197-255-175

CMYK: 16-0-41-0
RGB: 232-255-176

CMYK: 25-0-51-0
RGB: 211-255-152

CMYK: 27-16-75-0
RGB: 207-205-87

CMYK: 38-6-41-0
RGB: 175-213-172

CMYK: 49-3-77-0
RGB: 150-204-92

CMYK: 23-11-76-0
RGB: 218-216-81

CMYK: 36-0-60-0
RGB: 184-228-131

◎ 精彩案例分析

白色调的空间设计给人一种干净、纯洁的美感。

CMYK: 10-9-42-0
RGB: 242-232-168

CMYK: 13-17-27-0
RGB: 230-205-190

CMYK: 35-47-60-0
RGB: 183-144-106

CMYK: 8-9-20-0
RGB: 241-234-212

该空间采用对比色系的配色方案，由于红色和绿色的纯度不高且所占面积不大，整个空间色彩的搭配并不混乱。

CMYK: 76-29-100-0
RGB: 63-145-8

CMYK: 27-35-90-0
RGB: 206-171-41

CMYK: 44-84-67-5
RGB: 162-70-75

CMYK: 34-38-46-0
RGB: 183-161-137

淡青色调的配色方案给人一种冰凉、舒爽的感觉，墙壁上的碎花壁纸为空间增添了田园气息。

CMYK: 93-68-52-11
RGB: 9-81-103

CMYK: 33-27-25-0
RGB: 183-181-182

CMYK: 63-44-54-0
RGB: 112-132-120

CMYK: 62-69-84-30
RGB: 98-72-49

2 青春——混搭风格的空间设计

该空间中的元素较多且相对凌乱，但是良好的采光减弱了由此产生的压迫感，这样的设计风格往往受到年轻人的追捧。

◎ 配色方案推荐

CMYK: 5-39-11-0 RGB: 243-182-197	CMYK: 54-84-62-12 RGB: 133-65-78	CMYK: 2-30-68-0 RGB: 255-197-93
CMYK: 59-49-45-0 RGB: 125-126-128	CCMYK: 9-65-63-0 RGB: 135-122-87	CMYK: 81-53-0-0 RGB: 34-118-234
CMYK: 79-43-46-0 RGB: 54-127-136	CMYK: 65-44-1-0 RGB: 104-137-204	
CMYK: 76-65-55-11 RGB: 79-87-98	CMYK: 70-71-71-32 RGB: 81-67-62	CMYK: 61-73-64-18 RGB: 110-76-77
CMYK: 37-77-61-1 RGB: 179-87-88	CMYK: 61-59-31-0 RGB: 124-111-143	
CMYK: 71-78-85-55 RGB: 58-40-30		
CMYK: 9-0-71-0 RGB: 252-249-86		

◎ 精彩案例分析

蓝色的条格床上用品让人联想起大学的欢乐时光，在白色的衬托下，蓝色变得更加富有生机。

整个空间采用灰色调的配色方案，格纹沙发营造出轻松、愉悦的气氛，在黄色的点缀下室内瞬间升温。

色彩丰富的地毯搭配色彩鲜亮的床上用品，营造出艺术味道十足的空间效果。

CMYK: 53-56-59-1 RGB: 141-118-102	CMYK: 47-87-10-16 RGB: 144-57-28
CMYK: 98-98-55-32 RGB: 26-32-70	CMYK: 44-85-52-1 RGB: 165-68-95

CMYK: 47-43-66-0 RGB: 156-143-99	CMYK: 28-40-89-0 RGB: 202-161-45
CMYK: 48-43-50-0 RGB: 151-142-125	CMYK: 91-88-88-79 RGB: 5-1-0

CMYK: 55-17-25-0 RGB: 126-183-194	CMYK: 30-65-94-0 RGB: 195-113-37
CMYK: 70-63-100-34 RGB: 79-74-19	CMYK: 48-57-66-1 RGB: 153-119-91

3 浪漫——如梦似幻的空间设计

高明度的配色方案给人一种轻柔、飘渺的视觉印象，在该空间中色彩的对比较弱，淡粉色的点缀为空间增添了浪漫气息。

CMYK: 53–50–31–0
RGB: 130–130–150

CMYK: 31–35–15–0
RGB: 188–171–192

CMYK: 17–15–11–0
RGB: 218–215–219

CMYK: 22–53–15–0
RGB: 210–144–174

◎ 配色方案推荐

CCMYK: 12–28–10–0
RGB: 229–198–210

CMYK: 20–59–25–0
RGB: 214–132–154

CMYK: 3–60–41–0
RGB: 246–136–128

CCMYK: 50–35–62–0
RGB: 147–154–110

CMYK: 40–6–15–0
RGB: 166–214–222

CMYK: 0–52–68–0
RGB: 255–154–81

CMYK: 29–43–0–0
RGB: 197–159–220

CMYK: 10–46–0–0
RGB: 244–164–219

CMYK: 40–48–0–0
RGB: 191–141–252

◎ 精彩案例分析

该空间以白色作为主色调，搭配淡粉色，整个空间给人一种明亮且不压抑的感觉。

类似色系的配色方案让整个空间的色调更和谐，高纯度的玫瑰红和低纯度的紫色相搭配，整个空间的气氛变得张弛有度。

青灰色调的配色方案让人感受到淡淡的忧伤，圆形的金属镜框为空间增加了曲线美。

CMYK: 24–38–30–0
RGB: 204–169–165

CMYK: 8–6–6–0
RGB: 238–238–238

CMYK: 46–73–15–0
RGB: 161–93–153

CMYK: 35–100–69–1
RGB: 186–0–65

CMYK: 74–65–73
RGB: 72–75–64

CMYK: 76–77–87–61
RGB: 44–34–24

CMYK: 29–100–99–1
RGB: 197–16–31

CMYK: 14–19–14–0
RGB: 224–211–210

CMYK: 70–67–80–34
RGB: 77–70–52

CMYK: 26–22–34–0
RGB: 201–195–171

④ 浪漫——生机勃勃的空间设计

作为整个空间的亮点，墙面上的大幅壁画让整个空间生机勃勃。绿色系的配色方案并不明艳，却让人感受到无限温情。

◉ 配色方案推荐

CMYK: 4-25-89-0	CMYK: 7-6-83-0	CMYK: 40-0-71-0
RGB: 255-204-0	RGB: 255-237-39	RGB: 169-250-104
CMYK: 77-60-100-33	CMYK: 70-0-88-0	CMYK: 74-38-93-1	CMYK: 48-14-89-0
RGB: 62-77-3	RGB: 17-202-72	RGB: 80-134-65	RGB: 155-189-60
CMYK: 47-15-85-0			
RGB: 157-187-68			
CMYK: 25-10-83-0	CMYK: 0-79-78-0	CMYK: 1-40-71-0	CMYK: 3-18-59-0
RGB: 214-215-60	RGB: 255-87-48	RGB: 255-178-79	RGB: 255-220-121
CMYK: 77-76-80-57			
RGB: 45-39-34			

◉ 精彩案例分析

淡粉色系的配色方案给人一种女性独有的可爱、乖巧之感，墙上的蝴蝶图案使空间焕发生机。

由于该空间采光良好，深色调的地毯也不会让空间显得沉闷，红色的沙发更添些许柔情。

墙上的蒲公英壁画为空间增加了动感，黑色的地板使空间色彩更有层次。

CMYK: 43-85-77-7	CMYK: 40-61-67-1
RGB: 161-66-62	RGB: 173-116-87
CMYK: 8-6-20-0	CMYK: 11-41-55-0
RGB: 241-238-214	RGB: 233-171-118

CMYK: 19-26-24-0	CMYK: 51-97-77-24
RGB: 214-194-187	RGB: 127-33-51
CMYK: 52-51-64-1	CMYK: 15-11-17-0
RGB: 143-126-98	RGB: 224-224-214

CMYK: 51-31-73-0	CMYK: 40-15-65-0
RGB: 147-160-93	RGB: 174-195-115
CMYK: 47-44-38-0	CMYK: 75-8-63-24
RGB: 153-143-144	RGB: 74-75-77

5 案例欣赏

7.6 抽象VS严谨

　　抽象的艺术作品设计，是透过现象看本质，最后对本质进行艺术加工，使其升华的过程。抽象的艺术风格是非常多变的，或沉静，或忧伤，或热烈，或饱满。

　　具有严谨特点的室内装饰设计，通常会采用对称的布局方式，或采用明度较低的配色方案，整体给人一种严肃、认真的感觉，一般中年人比较喜欢。

　　1. 抽象：抽象的色彩印象是通过室内的配色和装饰来表达的，通常会采用黑色、灰色等无彩色系的色彩，并选择抽象风格的装饰画或者造型富有个性的家具等。

　　2. 严谨：要营造严谨的色彩印象，通常会采用深色调或中性色调的配色方案，色彩对比较弱，给人一种理性、冷静的感觉。

多边形的花纹规整、精致，让原本空洞的空间变得内容充实。

原木材质的装饰为空间增加了温暖的色彩。

以白色为主色调的浴室设计，看起来干净、卫生。

浅灰色是精致、优雅的色彩，灰色的地面不仅耐脏，而且增加了空间的层次。

倾斜的彩色条纹，为空间增加了动感。

CMYK: 97-90-67-56	CMYK: 86-72-58-23	CMYK: 76-43-44-0	CMYK: 47-56-65-1	CMYK: 37-32-32-0	CMYK: 26-20-19-0
RGB: 8-26-43	RGB: 47-69-83	RGB: 69-129-138	RGB: 156-122-94	RGB: 174-169-165	RGB: 199-199-199

① 抽象——带有抽象气质的空间设计

灰色调的空间设计给人一种平静、略带忧伤之感，墙壁上的抽象壁画是整个空间的亮点，与整体的装修风格相吻合，地面上三角形的懒人沙发不仅舒适而且充满了设计感。

CMYK: 35-34-34-0
RGB: 181-168-159

CMYK: 69-65-66-20
RGB: 90-83-78

CMYK: 60-60-69-9
RGB: 120-120-82

CMYK: 71-72-80-45
RGB: 66-54-43

◎ 配色方案推荐

CMYK: 63-55-70-7
RGB: 113-110-85

CMYK: 48-21-28-0
RGB: 148-182-183

CMYK: 69-60-55-6
RGB: 97-101-104

CMYK: 60-67-58-8
RGB: 122-92-94

CMYK: 40-42-60-0
RGB: 149-144-110

CMYK: 64-63-61-11
RGB: 108-94-90

CMYK: 54-65-52-2
RGB: 139-102-105

CMYK: 52-65-80-10
RGB: 139-97-64

CMYK: 65-29-67-0
RGB: 109-139-102

◎ 精彩案例分析

墙上复杂的壁画与简约风格的桌椅产生了微妙的对比，超大幅的渐变设计让空间的色彩富有层次。

该空间以灰色作为主色调，搭配白色，在时尚中更显高雅而品位十足。

青灰色的大理石搭配玻璃，两种不同的材质传递着冰冷、简素的气息。

CMYK: 91-62-54-10
RGB: 11-90-105

CMYK: 66-29-40-0
RGB: 97-155-156

CMYK: 56-55-65-3
RGB: 131-116-93

CMYK: 43-36-41-0
RGB: 161-157-145

CMYK: 78-38-25-0
RGB: 77-140-173

CMYK: 71-66-68-24
RGB: 82-78-72

CMYK: 43-53-64-0
RGB: 166-130-96

CMYK: 62-36-50-0
RGB: 113-146-133

CMYK: 71-66-72-28
RGB: 79-75-65

CMYK: 22-21-35-0
RGB: 211-201-171

CMYK: 57-64-81-15
RGB: 121-92-61

CMYK: 59-55-65-4
RGB: 125-114-93

第7章

2 抽象——优雅、细腻的空间设计

沙发与地毯是该空间的最大亮点。深红色的沙发搭配橘红色的地毯，从容而优雅，黑白相间的墙壁让空间显示出独特的时尚气质。

配色方案推荐

CMYK: 3-91-79-0 RGB: 242-48-48	CMYK: 33-18-47-0 RGB: 188-196-149	CMYK: 67-58-59-6 RGB: 103-104-99
CMYK: 16-51-55-0 RGB: 223-149-110	CMYK: 28-37-73-0 RGB: 201-166-85	CMYK: 69-33-42-0 RGB: 90-110-150
CMYK: 61-76-57-12 RGB: 117-75-87	CMYK: 10-62-64-0 RGB: 233-127-87	CMYK: 29-69-35-0 RGB: 197-108-130

CMYK: 22-17-16-0 RGB: 207-207-207
CMYK: 71-89-66-47 RGB: 67-33-49
CMYK: 36-85-91-2 RGB: 182-70-46
CMYK: 78-80-79-61 RGB: 41-31-30

精彩案例分析

该空间以灰色系作为主色调，搭配高纯度的青色，呈现出一种微妙的怀旧气息。

木板装饰的墙壁是这间卧室的最大亮点，由于木板的色泽并不均匀，使空间传递出更多的自然气息。

整个空间的明度不高，蓝色系的配色方案给人一种冷静、克制的感觉，在宾馆、酒店中经常会用到这样的搭配。

CMYK: 50-53-63-1 RGB: 148-124-98
CMYK: 15-17-19-0 RGB: 224-214-204
CMYK: 73-68-68-28 RGB: 77-72-69
CMYK: 95-73-63-33 RGB: 0-60-71

CMYK: 49-41-41-0 RGB: 147-146-141
CMYK: 54-64-77-11 RGB: 131-96-68
CMYK: 66-56-45-1 RGB: 108-112-124
CMYK: 84-80-69-50 RGB: 40-40-48

CMYK: 88-85-42-6 RGB: 56-62-107
CMYK: 82-61-0-0 RGB: 56-100-187
CMYK: 53-52-47-0 RGB: 139-125-124
CMYK: 64-70-67-21 RGB: 102-77-73

③ 严谨——布局巧妙的空间设计

在该空间中，窗户、沙发等陈设都为对称式的布局，给人严谨、统一之感。灰色调的配色方案让空间色彩深沉、稳重，青色的靠枕让空间层次更加丰富。

◎ 配色方案推荐

CMYK: 37-32-28-0 RGB: 175-170-172	CMYK: 26-100-99-0 RGB: 203-0-29	CMYK: 21-30-78-0 RGB: 219-185-74

CMYK: 83-58-53-7 RGB: 52-99-109	CMYK: 36-80-98-1 RGB: 183-80-35	CMYK: 35-79-72-1 RGB: 184-83-71

CMYK: 66-89-81-59 RGB: 62-23-26	CMYK: 23-75-51-0 RGB: 207-96-102	CMYK: 27-15-67-0 RGB: 206-207-108

CMYK: 59-62-74-13 RGB: 118-96-72	CMYK: 52-55-55-1 RGB: 143-121-110	CMYK: 26-30-37-0 RGB: 200-182-160

CMYK: 42-72-80-4 RGB: 166-94-63	CMYK: 83-65-9-0 RGB: 58-95-169	CMYK: 61-20-31-0 RGB: 106-174-181

◎ 精彩案例分析

为弥补空间的不足，餐厅借用了部分过道，红色的桌椅设计为空间增添了更多色彩，墙上的亚光壁画流露出艺术的气息。

在该空间中，明与暗的对比较为强烈，圆形的沙发设计感十足。

黄褐色的墙壁给人一种温暖的感觉，白色的床架让空间看起来更加的干净、整洁。

CMYK: 65-59-52-3 RGB: 111-105-109	CMYK: 61-91-99-56 RGB: 72-23-12	CMYK: 51-52-65-1 RGB: 146-125-96	CMYK: 31-25-32-0 RGB: 190-187-172	CMYK: 42-60-74-1 RGB: 167-117-78	CMYK: 23-16-20-0 RGB: 206-208-202
CMYK: 22-18-15-0 RGB: 207-205-208	CMYK: 45-40-38-0 RGB: 157-149-146	CMYK: 76-69-73-39 RGB: 60-61-55	CMYK: 43-54-80-1 RGB: 167-127-70	CMYK: 65-57-86-14 RGB: 104-101-60	CMYK: 74-65-62-18 RGB: 80-83-84

④ 严谨——温馨、雅致的空间设计

这间客厅的明度较高，给人一种素净之感。方格图案的抱枕休闲雅致，与整个空间搭配，营造出温馨的氛围，原木茶几富有自然气息，与空间完美地融合在一起。

CMYK: 74-73-66-33 RGB: 71-62-65	CMYK: 34-27-26-0 RGB: 180-180-180
CMYK: 64-58-45-1 RGB: 113-109-122	CMYK: 68-74-68-31 RGB: 85-63-64

◉ 配色方案推荐

CMYK: 24-12-38-0 RGB: 207-214-172	CMYK: 67-58-48-2 RGB: 106-108-117	CMYK: 25-23-8-0 RGB: 200-197-217
CMYK: 45-31-38-0 RGB: 157-165-156	CMYK: 56-75-84-26 RGB: 115-69-49	CMYK: 77-81-72-56 RGB: 47-34-38
CMYK: 58-10-43-0 RGB: 116-189-165	CMYK: 83-64-75-35 RGB: 44-69-60	CMYK: 49-31-32-0 RGB: 146-164-166

◉ 精彩案例分析

该空间采用了单色系的配色方案，棕黄色系给人以温暖之感，良好的采光可以增加空间的生活气息。

CMYK: 62-61-58-6 RGB: 116-102-99	CMYK: 54-54-62-2 RGB: 137-119-99
CMYK: 78-80-89-67 RGB: 35-25-16	CMYK: 79-71-58-21 RGB: 68-72-84

卧室的氛围开启了美妙的梦境，是异想天开的温床。该空间利用书籍来装点色彩，充满独特、轻松的设计意味。

CMYK: 39-28-27-0 RGB: 170-176-177	CMYK: 61-36-42-0 RGB: 116-147-146
CMYK: 62-81-60-19 RGB: 110-64-77	CMYK: 88-67-47-6 RGB: 40-86-113

在这间浴室中，色彩比较单纯，墙壁与浴缸的色彩呈弱对比，这种效果使空间氛围和谐、严谨。

CMYK: 29-22-25-0 RGB: 191-192-187	CMYK: 18-10-14-0 RGB: 218-224-220
CMYK: 59-56-69-6 RGB: 123-111-86	CMYK: 53-18-74-0 RGB: 139-178-96

5 案例欣赏

7.7 协调VS对比

空间的协调性是指色彩和装饰在视觉上可以形成统一感。具有对比性的室内装饰设计，通常是指色彩上的对比感。

1. 协调：协调的色彩印象是通过统一的色彩倾向，给人一种和谐、稳定的视觉感受，主要采用同类色系的配色方案。

2. 对比：对比的色彩印象是指色彩在明度和色相上的对比，通常会采用对比色系和互补色系的配色方案。

因为空间较为狭小，所以采用高明度的配色方案，白色的主色调干净、清爽，有拓展空间的作用。

该空间的光线充足，灯光的层次分明。

墙壁与地面的色彩相映成趣。

蓝色的墙壁让本来略显苍白的空间变得色彩丰富起来。

多边形图案的地面装饰让空间变得更加多元化。

| CMYK: 36-40-38-0 | CMYK: 9-25-20-0 | CMYK: 79-64-48-5 | CMYK: 83-76-60-30 | CMYK: 38-43-49-0 | CMYK: 36-34-31-0 |
| RGB: 180-157-148 | RGB: 236-204-195 | RGB: 73-92-113 | RGB: 55-59-73 | RGB: 175-150-128 | RGB: 178-167-165 |

1 协调——沉稳、内敛的空间设计

该空间的配色设计给人一种沉稳、内敛、低调之感。陈设简单，没有复杂的构成、布局和摆放，整个空间的情感反而更加丰富。

◎ 配色方案推荐

CMYK: 25-72-52-0
RGB: 240-102-102

CMYK: 20-36-54-0
RGB: 216-174-123

CMYK: 19-23-47-0
RGB: 218-199-146

CMYK: 54-61-71-7
RGB: 135-105-79

CMYK: 81-82-89-72
RGB: 27-18-11

CMYK: 23-39-53-0
RGB: 208-167-123

CMYK: 58-36-81-0
RGB: 129-147-78

CMYK: 45-62-90-4
RGB: 159-109-52

CMYK: 73-81-79-58
RGB: 51-34-32

CMYK: 32-57-80-0
RGB: 192-127-65

CMYK: 62-68-80-26
RGB: 101-76-56

CMYK: 9-12-14-0
RGB: 236-227-218

CMYK: 24-42-79-0
RGB: 209-160-69

CMYK: 9-29-62-0
RGB: 242-195-109

CMYK: 60-76-99-41
RGB: 90-54-25

◎ 精彩案例分析

以白色调为主的空间设计在视觉上产生了一种震撼之美，简约而静谧。

每一件家具及装饰都融入了空间中，看似独立的元素传达着独有的艺术气息。

东南亚风格的空间，采用的设计元素都源于自然，拱形门让异域风情瞬间升级。

CMYK: 8-7-11-0
RGB: 240-237-229

CMYK: 19-19-27-0
RGB: 216-206-188

CMYK: 16-16-27-0
RGB: 222-214-191

CMYK: 62-61-67-11
RGB: 114-98-83

CMYK: 57-47-48-0
RGB: 130-131-126

CMYK: 14-11-12-0
RGB: 225-225-223

CMYK: 71-51-11-0
RGB: 91-122-182

CMYK: 22-39-62-0
RGB: 212-167-106

CMYK: 3-22-38-0
RGB: 251-213-166

CMYK: 64-72-78-34
RGB: 90-64-51

② 协调——同类色系的空间设计

　　该空间的色彩纯度较低，对比较弱。青灰色墙壁和豆绿色沙发产生了同类色反差，这样的配色方案给人一种和谐之美。

◉ 配色方案推荐

CMYK: 29-12-53-0
RGB: 190-210-143

CMYK: 36-14-30-0
RGB: 179-202-186

CMYK: 73-69-79-40
RGB: 66-62-49

CMYK: 52-32-34-0
RGB: 138-160-162

CMYK: 62-54-71-6
RGB: 116-113-85

CMYK: 62-68-64-15
RGB: 111-86-81

CMYK: 80-66-59-18
RGB: 63-80-87

CMYK: 68-47-100-6
RGB: 102-120-32

CMYK: 71-62-51-5
RGB: 94-97-108

CMYK: 64-92-73-48
RGB: 78-28-41

CMYK: 52-60-77-6
RGB: 142-109-73

CMYK: 47-30-33-0
RGB: 151-166-166

CMYK: 72-67-77-34
RGB: 73-69-56

◉ 精彩案例分析

　　该空间的色彩丰富，自然光为空间增添了更多的乐趣。

　　造型别致的座椅和茶几，搭配碎花的地毯，为空间增加了无限情趣。

　　高明度的配色方案给人清新、明亮之感，搭配米黄色的沙发，为空间更添温暖的气息。

CMYK: 77-58-46-2
RGB: 78-105-122

CMYK: 44-56-27-0
RGB: 162-126-152

CMYK: 33-73-43-0
RGB: 187-96-114

CMYK: 5-26-47-0
RGB: 247-203-143

CMYK: 32-37-64-0
RGB: 190-164-104

CMYK: 45-60-85-3
RGB: 161-114-61

CMYK: 58-55-61-3
RGB: 128-115-99

CMYK: 18-14-12-0
RGB: 215-216-218

CMYK: 80-88-85-73
RGB: 29-10-11

CMYK: 77-78-80-58
RGB: 45-36-32

CMYK: 23-17-15-0
RGB: 206-207-209

CMYK: 57-70-81-22
RGB: 115-79-56

3 对比——冷暖对比和谐的空间设计

该空间的色彩对比强烈，墙面与地面的反差效果让空间的温度平衡，深灰色调的床上用品更为空间营造出几分暗色调所独有的宁静之感。

◉ 配色方案推荐

CMYK: 47-91-97-18
RGB: 141-49-36

CMYK: 33-80-72-0
RGB: 189-83-70

CMYK: 86-67-51-21
RGB: 58-52-85

CMYK: 87-77-55-23
RGB: 48-63-84

CMYK: 52-75-94-21
RGB: 127-73-41

CMYK: 56-63-71-9
RGB: 129-100-78

CMYK: 12-13-10-0
RGB: 231-223-211

CMYK: 38-53-90-0
RGB: 179-121-49

CMYK: 36-35-29-0
RGB: 177-165-167

CMYK: 66-70-60-16
RGB: 101-80-85

CMYK: 93-88-88-80
RGB: 0-0-1

CMYK: 14-10-13-0
RGB: 226-227-221

CMYK: 86-76-15-0
RGB: 59-78-151

CMYK: 63-58-75-12
RGB: 110-101-74

CMYK: 58-60-62-5
RGB: 127-106-93

◉ 精彩案例分析

在这间客厅中采用的点缀色为绿色和红色，这种对比色系的配色方案可以让空间色彩碰撞出绚丽的火花。

CMYK: 50-39-98-0
RGB: 151-147-39

CMYK: 38-100-100-4
RGB: 175-23-22

CMYK: 78-76-67-40
RGB: 58-53-59

CMYK: 50-47-52-0
RGB: 146-134-120

黑色给人一种严肃、庄重的感觉，通常与白色进行搭配，形成鲜明的反差，花朵的布置为空间增添了一丝暖意。

CMYK: 79-84-93-73
RGB: 29-13-0

CMYK: 41-38-44-0
RGB: 168-157-139

CMYK: 16-17-24-0
RGB: 223-212-194

CMYK: 52-43-42-0
RGB: 140-140-138

中性风格的书房设计，黑与白的强烈对比，于个性中彰显精致的细节。

CMYK: 87-83-82-72
RGB: 17-17-17

CMYK: 33-24-25-0
RGB: 182-186-185

CMYK: 51-89-100-29
RGB: 122-44-7

CMYK: 48-58-67-2
RGB: 153-116-88

4 对比——干净、克制的空间设计

在该空间中，以白色作为主色调，利用红色与绿色的对比色系配色方案进行点缀，整个空间的色彩在干净之余不乏活泼的气息。

◉ 配色方案推荐

CMYK: 69-25-44 RGB: 83-158-151	CMYK: 28-100-91-0 RGB: 198-19-41	CMYK: 77-14-92-0 RGB: 29-165-71
CMYK: 6-23-16-0 RGB: 242-211-206	CMYK: 14-22-31-0 RGB: 226-205-178	CMYK: 0-68-91-0 RGB: 254-116-7
CMYK: 24-96-56-0 RGB: 207-32-81	CMYK: 19-35-90-0 RGB: 222-175-33	CMYK: 36-21-70-0 RGB: 184-189-99

CMYK: 13-85-79-0 RGB: 225-72-54	CMYK: 73-31-73-0 RGB: 78-146-99
CMYK: 14-9-7-0 RGB: 225-228-233	CMYK: 15-89-100 RGB: 222-58-0

◉ 精彩案例分析

黑色与白色所产生的对比效果是比较强烈的。在该空间中，大面积的白色与小面积的黑色产生了和谐而鲜明的对比效果。

在高明度的室内空间中，黑色的沙发可以增加空间色彩的层次感。

该空间以青色为主色调。青色给人一种冰冷、冷漠之感，为了避免这种负面印象，利用具有温暖感的红褐色进行点缀。

CMYK: 16-11-14-0 RGB: 221-222-217	CMYK: 87-84-85-75 RGB: 15-11-10
CMYK: 36-52-61-0 RGB: 181-135-102	CMYK: 42-12-47-0 RGB: 167-200-155

CMYK: 53-72-90-19 RGB: 127-79-46	CMYK: 55-49-33-0 RGB: 135-131-148
CMYK: 96-96-70-63 RGB: 10-12-33	CMYK: 51-55-37-0 RGB: 146-123-137

CMYK: 99-88-60-40 RGB: 9-39-63	CMYK: 80-71-61-25 RGB: 63-70-78
CMYK: 58-88-100-48 RGB: 87-32-2	CMYK: 60-59-75-11 RGB: 117-102-73

5 案例欣赏

CHAPTER 8

第 8 章

室内色彩设计的应用领域

室内色彩设计的应用领域非常广泛，除了家居的装修装饰，也涵盖其他空间的装修装饰，如商场、酒店、餐厅、办公室、展厅、医院、博物馆等。

色彩的运用因空间使用目的的不同而不同。在满足不同设计要求的同时，还要考虑到色彩不同性格的体现，以营造出不同的氛围。例如，办公空间应搭配感觉更高效的色彩，餐厅应搭配感觉更美味的色彩，医院应搭配感觉更安全、安静的色彩，博物馆应搭配感觉更庄严、神秘的色彩等。

在公共空间的设计中，色彩既有审美作用，也有表现和调节空间气氛的作用。它能通过人们的感知、印象，产生相应的心理影响和生理影响。色彩在公共空间设计中的作用有强调空间感、突出风格、注重心理感受、调节室内明暗等。

CMYK: 26-54-3-1	CMYK: 53-59-27-39	CMYK: 63-39-34-29	CMYK: 22-5-7-0	CMYK: 88-43-16-26	CMYK: 88-27-13-13
RGB: 196-135-179	RGB: 96-74-95	RGB: 88-104-114	RGB: 208-225-232	RGB: 35-93-133	RGB: 1-126-170

CMYK: 36-62-60-45	CMYK: 63-52-51-100	CMYK: 52-46-54-40	CMYK: 65-51-51-81	CMYK: 15-39-63-5	CMYK: 60-52-52-71
RGB: 107-69-58	RGB: 0-0-0	RGB: 93-88-77	RGB: 22-28-28	RGB: 208-162-102	RGB: 45-41-38

8.1 商场

商场是商家设计并建造用来针对消费者的空间。因此，如何让消费者更舒适、更愉悦地购物，是商场设计最重要的核心点。商场应该明亮、大气，显得空间更大而不是更拘谨。在商业空间的设计中，色彩语言的表达方式也多是通过不同色调的营造来达到对空间情调的调和效果。

商场是由人、商品、建筑空间这三部分组成的，商场设计要同时兼顾人性化、商业化、展示性三方面。

在该空间中，不同深度的灰色搭配出丰富的层次感，偏棕黄色的墙面给人一种温暖的印象，黄色的灯光让室内变得更加柔和。

CMYK: 59-47-52-51	CMYK: 24-43-62-13	CMYK: 29-21-24-2	CMYK: 63-49-13-15
RGB: 70-71-65	RGB: 178-140-95	RGB: 189-188-183	RGB: 107-109-148

1 可爱风格的店铺设计

在对店铺进行设计时，可以根据商品的风格来决定店铺的风格。在该空间中，以白色作为主色调，以多彩的波点进行点缀，空间色彩显得活泼开朗。

◉ 配色方案推荐

CMYK: 53-92-28-44 RGB: 90-13-67	CMYK: 22-95-37-11 RGB: 175-18-89	CMYK: 0-91-37-0 RGB: 243-13-102
CMYK: 18-95-100-7 RGB: 185-1-13	CMYK: 88-58-17-29 RGB: 46-73-116	CMYK: 17-15-83-4 RGB: 209-199-69
CMYK: 31-53-8-3 RGB: 183-132-168	CMYK: 32-11-56-4 RGB: 178-196-134	CMYK: 3-12-89-1 RGB: 244-222-40
CMYK: 14-85-71-4 RGB: 200-69-69	CMYK: 15-12-11-0 RGB: 222-218-217	CMYK: 33-50-67-29 RGB: 136-104-70
CMYK: 0-88-83-0 RGB: 251-38-52	CMYK: 86-54-0-0 RGB: 37-108-222	CMYK: 1-54-89-0 RGB: 240-146-45

◉ 精彩案例分析

该空间以白色作为主色调，白色有一种现代、时尚的质感，黑色的地板可以增加空间的对比效果，提升空间的层次，服装的陈列充满俏皮的色彩节奏，为空间注入了活力。

该空间为儿童用品商店，色彩丰富、活泼、可爱，不同形状的柜台给人一种天真、有趣的感觉。

深色的楼梯可以增加空间的层次感，扑克牌图案给人一种设计感。

CMYK: 6-7-7-0 RGB: 243-236-233	CMYK: 16-20-23-1 RGB: 219-202-188
CMYK: 58-55-52-73 RGB: 46-35-33	CMYK: 27-23-27-3 RGB: 192-185-175

CMYK: 44-35-77-31 RGB: 115-115-63	CMYK: 20-64-95-12 RGB: 179-107-33
CMYK: 44-54-71-54 RGB: 87-66-39	CMYK: 14-4-95-1 RGB: 216-224-0

CMYK: 66-52-43-68 RGB: 40-43-52	CMYK: 11-73-100-3 RGB: 208-95-0
CMYK: 64-27-13-9 RGB: 103-145-179	CMYK: 22-9-41-1 RGB: 206-214-167

2. 热情洋溢的店铺设计

空间中以红色作为主色调，给人一种热情洋溢的感觉，弧线的书架设计为空间增加了曲线的美感。

CMYK: 0-74-62-0
RGB: 252-89-84

CMYK: 25-83-28-16
RGB: 166-61-101

CMYK: 27-45-52-15
RGB: 170-132-106

CMYK: 9-16-19-0
RGB: 235-216-201

◎ 配色方案推荐

CMYK: 2-89-65-0
RGB: 228-50-74

CMYK: 1-63-54-0
RGB: 239-124-103

CMYK: 2-13-41-0
RGB: 253-224-166

CMYK: 2-54-2-0
RGB: 243-148-182

CMYK: 10-96-23-1
RGB: 208-1-107

CMYK: 1-34-80-0
RGB: 244-185-69

CMYK: 0-56-81-0
RGB: 250-139-62

CMYK: 21-22-25-2
RGB: 207-193-181

CMYK: 37-57-28-23
RGB: 141-99-115

◎ 精彩案例分析

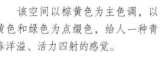

该空间以棕黄色为主色调，以黄色和绿色为点缀色，给人一种青春洋溢、活力四射的感觉。

CMYK: 24-53-70-22
RGB: 159-111-71

CMYK: 11-61-92-2
RGB: 211-125-42

CMYK: 11-21-81-2
RGB: 22-198-72

CMYK: 16-88-100-6
RGB: 191-33-0

该空间以红色作为主色调，红色的墙面搭配黄色系的壁画，给人一种视觉冲击力，少量的黑色增加了空间的神秘感。

CMYK: 26-95-89-23
RGB: 147-32-39

CMYK: 13-69-68-3
RGB: 208-107-79

CMYK: 36-59-66-45
RGB: 107-74-55

CMYK: 50-62-55-78
RGB: 54-16-13

该空间以粉色为主，浪漫而富有激情，顶棚的黑色与地面的褐色层次分明，将商品放置于白色柜台上，显得干净而简洁。

CMYK: 19-70-19-0
RGB: 216-109-152

CMYK: 49-47-70-0
RGB: 152-135-91

CMYK: 85-81-83-70
RGB: 21-21-19

CMYK: 5-4-4-0
RGB: 244-244-244

第8章

168

3 案例欣赏

8.2 酒店

酒店是用来住宿的，这句话太简单了，没有充分阐明酒店的意义。酒店的客房与家居的卧室看似相同，其实不同。酒店的客房是集客厅、卧室、浴室为一体的空间。如何在有限的空间里满足客人的基本需求，使其感受到安全、舒适，并且达到愉悦、兴奋的更高层次，是可以被设计出来的。

如今很多酒店开始尝试在装修、经营等方面建立自己的特色，例如，将吊顶涂成星空或是电影等主题，通过设计风格、搭配色彩，满足客人视觉和心灵的享受。

该空间风格轻快、现代，色彩由明朗过渡到沉稳，让客人在视觉上始终有惊喜。墙上的壁画与地毯图案相互呼应，黄色的点缀让这间"临时住所"也有了家的温馨。

CMYK: 24-53-99-25	CMYK: 26-18-14-1	CMYK: 65-54-46-87	CMYK: 52-59-56-72	CMYK: 3-6-43-0	CMYK: 49-37-28-15
RGB: 152-107-4	RGB: 199-198-203	RGB: 10-12-27	RGB: 57-34-28	RGB: 250-237-167	RGB: 132-132-142

1 优雅、舒适的酒店设计

该空间采用高明度的配色方案，加之良好的采光，让不太宽敞的空间也并不显得拥塞。床单的白色搭配灰色，给人一种干净、整洁的视觉印象，紫色的点缀使整个空间温馨且优雅。

◉ 配色方案推荐

CMYK: 15-19-47-2 RGB: 216-200-146	CMYK: 25-68-99-27 RGB: 147-81-14	CMYK: 54-49-51-46 RGB: 82-76-71
CMYK: 50-52-58-51 RGB: 83-69-58	CMYK: 42-41-47-21 RGB: 134-122-108	CMYK: 13-10-18-0 RGB: 227-224-209
CMYK: 26-96-90-20 RGB: 153-25-40	CMYK: 37-73-28-42 RGB: 112-57-81	CMYK: 40-74-40-66 RGB: 82-16-43
CMYK: 17-18-59-3 RGB: 211-199-123	CMYK: 43-65-37-46 RGB: 98-62-74	CMYK: 39-42-93-39 RGB: 109-98-32
CMYK: 10-22-73-2 RGB: 225-198-91	CMYK: 23-26-58-6 RGB: 191-175-116	CMYK: 49-38-37-18 RGB: 127-127-127

◉ 精彩案例分析

金色系的配色方案给人一种高端、大气的印象，深色调的地毯可以增加空间的层次感。

在这间度假酒店中，将卧室与庭院相连，给人一种拥抱自然的感觉，室外的风景丰富了室内的色彩层次。

深色调的配色方案在柔和灯光的衬托下，显得低调而奢华，洋红色的点缀为空间增添了几分柔和与妩媚。

CMYK: 7-14-47-1 RGB: 238-219-153	CMYK: 29-52-72-30 RGB: 140-102-63	CMYK: 30-66-85-52 RGB: 106-49-0	CMYK: 32-30-51-10 RGB: 169-158-123	CMYK: 44-54-65-49 RGB: 92-71-52	CMYK: 20-33-51-6 RGB: 199-168-125
CMYK: 49-44-46-29 RGB: 113-106-99	CMYK: 5-31-56-1 RGB: 237-189-122	CMYK: 51-54-68-70 RGB: 58-41-6	CMYK: 26-96-90-20 RGB: 153-25-40	CMYK: 54-50-52-49 RGB: 79-72-66	CMYK: 20-82-35-7 RGB: 188-69-104

② 浪漫、奢华的酒店设计

该空间的设计风格隆重而华丽，给人一种精致、严谨的感觉。水晶吊灯、金色壁画、真皮沙发，处处流露出贵族般的奢华与浪漫。

◉ 配色方案推荐

CMYK: 26-3-37-0 RGB: 197-221-180	CMYK: 17-2-57-0 RGB: 217-230-142	CMYK: 12-7-59-1 RGB: 225-224-132
CMYK: 30-34-55-11 RGB: 171-152-112	CMYK: 13-28-69-4 RGB: 214-183-96	CMYK: 3-12-72-1 RGB: 245-223-99
CMYK: 1-13-56-0 RGB: 253-226-135	CMYK: 1-22-84-0 RGB: 254-208-61	CMYK: 14-37-90-4 RGB: 208-166-46
CMYK: 64-53-49-78 RGB: 29-29-32	CMYK: 51-62-52-76 RGB: 54-22-25	CMYK: 12-21-51-2 RGB: 223-199-137
CMYK: 61-50-47-55 RGB: 62-62-64	CMYK: 49-55-45-42 RGB: 95-76-78	CMYK: 31-30-47-8 RGB: 174-162-130

◉ 精彩案例分析

在这间礼堂中，细致的工艺装饰给人一种雍容华贵的感觉，明亮的水晶吊灯使整个空间熠熠生辉。

走廊以红色作为点缀色，这样的设计可以减轻大理石的冰冷感，还可以让空间的气氛更加活跃。

带有曲线图案的地毯让空间的气氛变得流动起来，造型别致的吊灯是点睛之笔。

CMYK: 9-48-74-2 RGB: 221-153-80	CMYK: 43-63-65-67 RGB: 75-36-19
CMYK: 18-56-91-8 RGB: 191-126-45	CMYK: 29-43-51-15 RGB: 166-134-109

CMYK: 6-88-100-1 RGB: 217-19-0	CMYK: 52-55-58-62 RGB: 68-52-42
CMYK: 21-28-57-6 RGB: 197-175-118	CMYK: 47-63-61-74 RGB: 64-20-0

CMYK: 1-23-84-0 RGB: 249-203-60	CMYK: 0-84-98-0 RGB: 235-59-21
CMYK: 38-56-66-43 RGB: 108-79-58	CMYK: 35-69-76-59 RGB: 94-35-6

3 案例欣赏

8.3 餐厅

餐厅如何让食客流连忘返，美食是一方面，设计是另外一个容易被忽视的方面。如今的餐厅应注重氛围的营造，这需要对色彩的理解。橙色对于餐厅非常重要，它能点燃人们的食欲。餐厅的设计要素如下。

1. 顶面：不宜过乱，应尽量简洁，需要合理地设计灯光，让空间更舒适。

2. 墙面：要有装饰性，在基本的设计原则下可以考虑一些特殊材料，如木材、玻璃、镜子等。

3. 地面：选用表面光洁、易清洁的材料，如大理石、地砖、地板等，局部用玻璃且下面有光源，可以营造浪漫气氛和神秘感。

4. 餐桌：方桌、圆桌、折叠桌、不规则桌，不同的餐桌造型给人的感受也不同。方桌感觉规整，圆桌感觉亲近，折叠桌感觉灵活方便，不规则桌感觉神秘。

5. 灯具：与整体风格匹配，灯光的色彩尽量偏暖，避免冷清的色彩。

6. 装饰：字画、壁挂、特殊装饰物等，可以突出餐厅的风格、文化、定位，用以点缀环境，但要注意不宜过多而导致喧宾夺主，让餐厅显得杂乱无章。

7. 绿化：可以在餐厅角落摆放一些绿色植物作为点缀。

在这间餐厅中，色彩明朗轻快。橙色系给人以温馨的感觉，能够促进人的食欲。不规则形状的顶灯给人一种如流水般的灵动感。

CMYK: 6-44-66-1	CMYK: 15-84-99-5	CMYK: 37-67-70-61	CMYK: 0-87-99-0	CMYK: 30-59-64-34	CMYK: 1-14-43-0
RGB: 231-164-96	RGB: 194-71-27	RGB: 88-41-23	RGB: 244-0-0	RGB: 133-88-67	RGB: 255-222-161

1 时尚、率性的餐厅设计

这是一间比较有个性的餐厅。橘色和灰色的搭配给人一种活泼的感觉，桌椅的配色与墙壁的配色相互呼应，整个空间在视觉上形成统一，柔和的灯光渲染了就餐气氛。

◉ 配色方案推荐

CMYK: 1-41-86-0 RGB: 249-170-52	CMYK: 29-51-59-24 RGB: 151-111-85	CMYK: 26-84-100-29 RGB: 141-38-0
CMYK: 18-189-100-8 RGB: 184-51-18	CMYK: 0-65-87-0 RGB: 255-118-44	CMYK: 0-81-93-0 RGB: 240-74-36
CMYK: 13-90-100-3 RGB: 201-18-0	CMYK: 51-96-1-0 RGB: 149-0-130	CMYK: 15-13-68-2 RGB: 214-208-107

CMYK: 0-69-94-0 RGB: 246-109-33	CMYK: 26-76-88-31 RGB: 138-66-38
CMYK: 1-6-72-0 RGB: 255-246-102	CMYK: 63-53-50-96 RGB: 3-0-6

◉ 精彩案例分析

该空间为低明度的配色方案，利用灯光增加空间的层次感，随意垂下的装饰使空间内涵更加丰富。

CMYK: 55-97-20-8 RGB: 127-19-103	CMYK: 11-25-89-3 RGB: 219-190-47
CMYK: 19-42-76 RGB: 192-148-75	CMYK: 60-53-54-84 RGB: 28-21-15

这间餐厅以交错摆放的木条作为装饰，给人一种视觉上的延伸感。灰色的沙发座椅不仅舒适，而且与整个空间的气氛相融合。

CMYK: 17-46-52-6 RGB: 201-146-113	CMYK: 4-44-77-1 RGB: 234-164-75
CMYK: 53-39-29-18 RGB: 120-123-135	CMYK: 60-52-50-66 RGB: 50-46-46

将吧台设计成黑板的造型，可以让人联想到青春校园的美好时光。在暗色调的空间中，黄色的点缀使空间气氛更加活跃。

CMYK: 74-31-47-41 RGB: 51-93-91	CMYK: 3-55-98-1 RGB: 233-142-10
CMYK: 55-55-57-71 RGB: 53-39-30	CMYK: 59-43-52-44 RGB: 78-83-76

② 庄重、典雅的餐厅设计

这间餐厅以深青色搭配香槟色，总体给人一种古典的浪漫气息。又因为结合了现代的材质，身处其中，使人感觉到华丽时尚但又不过分张扬，有种含蓄厚重的奢华感觉。

CMYK: 61-51-56-83
RGB: 27-26-17

CMYK: 72-48-44-71
RGB: 20-42-51

CMYK: 25-56-87-29
RGB: 145-98-42

CMYK: 12-41-63-3
RGB: 217-163-101

◎ 配色方案推荐

CMYK: 71-45-32-43
RGB: 62-78-94

CMYK: 46-25-18-5
RGB: 149-165-181

CMYK: 26-35-40-7
RGB: 186-159-138

CMYK: 64-48-28-35
RGB: 83-88-107

CMYK: 56-48-41-38
RGB: 91-86-90

CMYK: 73-47-36-55
RGB: 44-62-76

CMYK: 15-21-13-1
RGB: 222-202-203

CMYK: 23-80-100-17
RGB: 164-62-0

CMYK: 1-29-78-0
RGB: 255-194-75

◎ 精彩案例分析

该空间色调统一，规整的菱形块状图案使整个空间和谐、流畅，淡淡的灯光不经意地散发出独特的美感。

这间餐厅有一种德式的冷静，严肃的色彩将空间置于庄重的宁静中。

这间餐厅将装饰、灯光、桌椅完美地融合在一起，给人一种浪漫、柔情的视觉印象。

CMYK: 30-42-54-16
RGB: 163-134-104

CMYK: 25-56-87-29
RGB: 145-98-42

CMYK: 37-56-69-44
RGB: 106-77-53

CMYK: 27-28-38-5
RGB: 189-174-151

CMYK: 3-10-37-0
RGB: 248-231-177

CMYK: 34-42-71-25
RGB: 140-119-72

CMYK: 37-57-67-43
RGB: 108-77-56

CMYK: 24-25-22-2
RGB: 200-186-183

CMYK: 39-28-36-8
RGB: 159-160-149

CMYK: 63-50-55-84
RGB: 19-26-17

CMYK: 3-13-40-0
RGB: 249-224-168

CMYK: 26-54-19-10
RGB: 180-124-145

3 案例欣赏

8.4 办公室

办公室也需要色彩设计吗？很多人会这么问起。其实，办公室的色彩设计非常重要，因为色彩会左右员工的情绪、影响工作的效率，办公室应尽量避免过于强烈的色彩对比和搭配。优秀的办公室色彩设计可以让员工感到舒服、积极，从而更高效地工作，而不是疲惫、乏力，产生怠倦心理。

该空间以青色作为主色调。墙面上的青色系壁画令人联想到碧海蓝天，使人的身心得到了放松，浅色调的藤椅与整个空间的风格相融合。

CMYK: 45-12-0-0	CMYK: 76-1-13-0	CMYK: 98-67-0-0	CMYK: 26-6-10-0	CMYK: 11-88-99-2	CMYK: 21-36-63-10
RGB: 149-196-242	RGB: 12-184-220	RGB: 0-76-192	RGB: 200-219-225	RGB: 206-56-23	RGB: 188-156-99

1 独特、富有个性的办公室设计

灰色调的配色方案使整个空间形成严肃、严谨的视觉印象，吊顶装饰富有动感和张力，墙壁装饰的色彩、肌理与光线等营造出一种无声的语言环境。

CMYK：90-43-21-46
RGB：15-70-100

CMYK：67-53-41-69
RGB：37-41-53

CMYK：16-12-14-0
RGB：220-218-213

CMYK：51-31-100-0
RGB：148-159-23

◉ 配色方案推荐

CMYK：53-39-78-51
RGB：74-81-40

CMYK：26-13-64-4
RGB：189-196-116

CMYK：82-79-2-0
RGB：91-62-146

CMYK：64-61-19-44
RGB：74-63-93

CMYK：49-46-16-13
RGB：135-122-150

CMYK：13-12-0-0
RGB：230-222-246

CMYK：55-39-3-1
RGB：137-143-193

CMYK：78-72-62-27
RGB：67-67-75

CMYK：87-52-23-52
RGB：0-56-92

◉ 精彩案例分析

在该空间中，绿色的点缀是最大的亮点，冲淡了空间的压抑感，让空间色彩更加丰富。

在这间开放式的办公室中，青灰色给人一种冷静、温和之感，黄橙色的座椅让空间色彩变得活泼起来。

这间办公室采用简单的配色方案，白色的墙壁减弱了橙色调的欢乐、跳跃之感。

CMYK：56-28-9-5
RGB：128-154-189

CMYK：63-33-81-58
RGB：46-75-26

CMYK：45-32-38-13
RGB：141-144-137

CMYK：34-21-96-17
RGB：14-159-23

CMYK：15-79-100-5
RGB：197-78-12

CMYK：77-26-45-31
RGB：50-109-108

CMYK：40-47-59-30
RGB：125-104-81

CMYK：56-50-57-59
RGB：64-60-49

CMYK：17-73-100-7
RGB：190-93-7

CMYK：30-79-84-51
RGB：106-39-23

CMYK：59-30-17-10
RGB：116-142-169

CMYK：58-49-52-53
RGB：68-67-62

179

② 理智、现代的办公室设计

这间办公室利用青色作为点缀色，冲淡了工业化楼宇的压迫感，彰显出理智、现代的办公空间的特色。

◎ 配色方案推荐

CMYK: 62-50-55-72 RGB: 39-42-35	CMYK: 57-40-48-33 RGB: 94-101-94	CMYK: 44-28-21-0 RGB: 157-173-189

CMYK: 75-30-26-23 RGB: 66-117-138	CMYK: 66-53-45-85 RGB: 13-19-31	CMYK: 38-35-50-15 RGB: 151-141-116

CMYK: 39-48-61-32 RGB: 122-100-76	CMYK: 5-14-27-0 RGB: 243-223-190	CMYK: 7-8-67-1 RGB: 237-227-114

CMYK: 63-48-35-41 RGB: 76-80-92	CMYK: 19-90-100-8 RGB: 183-23-1	CMYK: 82-17-14-5 RGB: 30-150-191

CMYK: 48-61-46-55 RGB: 82-54-59	CMYK: 48-38-38-19 RGB: 127-126-125	CMYK: 30-40-63-17 RGB: 160-135-91

◎ 精彩案例分析

紫色和棕色搭配，给人一种单纯、温和之感，可以让员工的心情得到放松。

CMYK: 69-58-10-11 RGB: 101-97-147	CMYK: 28-27-16-2 RGB: 192-179-188
CMYK: 60-49-53-58 RGB: 60-61-56	CMYK: 54-46-60-48 RGB: 80-78-63

在该办公室中，浅灰色调给人一种深沉、稳重的感觉，红色的点缀可以点燃员工的工作热情。

CMYK: 33-20-23-3 RGB: 180-186-184	CMYK: 18-74-60-6 RGB: 194-93-85
CMYK: 66-53-46-77 RGB: 28-31-38	CMYK: 23-88-92-14 RGB: 167-54-40

该办公室采用单色系的配色方案，墙壁采用统一色调，不同的材质丰富了空间的内容，圆形的桌子与吊灯相互呼应。

CMYK: 49-29-33-12 RGB: 135-147-147	CMYK: 60-47-52-52 RGB: 67-69-64
CMYK: 19-46-85-10 RGB: 190-142-57	CMYK: 37-51-60-31 RGB: 127-99-77

3 案例欣赏

8.5 展厅

展厅是展示的空间，是安静的、有气氛的环境，在这个空间中人们可以观赏产品等。展厅的设计要尽量放眼于整体，不要过于琐碎，灯光的设计尤为重要，可以用来凸显产品。展厅是人、物、空间的结合，人性化很重要，可以让三者完美地融合到一起。

1. 装饰：如果将整个空间的墙面刷成绿色，参观者进入这个空间会觉得干净、神秘，有一种想一探究竟的冲动，这也就达到了设计的目的。

2. 灯光：灯光可以渲染空间的气氛，让空间更有层次，明确要突出的产品，引导参观者的视线。

3. 产品：产品是空间中要展示的物品。产品无法去修改，但是可以对其位置的摆放进行控制，让产品更灵动、更有趣。

该空间以绿色为主色调，利用灯光丰富了空间的层次，黑色与白色的点缀增加了空间的对比，让所要展示的物品及信息更完美地被表达出来，少量的红色让空间更具青春、跳跃感。

CMYK: 52-0-65-0 RGB: 93-226-123	CMYK: 82-24-97-17 RGB: 0-123-48	CMYK: 28-35-45-9 RGB: 179-155-129	CMYK: 21-18-26-1 RGB: 208-201-185	CMYK: 27-89-92-34 RGB: 131-42-31	CMYK: 60-54-54-87 RGB: 25-16-9

1 时尚、流畅的展厅设计

设计者以蜿蜒的曲线为导航，将现代设计元素融于空间中，营造出兼具时尚大气及简约温和的氛围。

◎ 配色方案推荐

CMYK: 63-53-49-86 RGB: 19-17-22	CMYK: 68-50-43-64 RGB: 40-50-58	CMYK: 72-35-44-40 RGB: 58-91-93
CMYK: 68-56-40-76 RGB: 27-29-46	CMYK: 67-57-21-47 RGB: 66-63-90	CMYK: 60-46-46-44 RGB: 77-80-80
CMYK: 51-36-28-15 RGB: 128-133-144	CMYK: 31-27-33-5 RGB: 181-172-159	CMYK: 47-47-48-31 RGB: 113-100-93

CMYK: 64-54-40-62 RGB: 52-50-61	CMYK: 67-64-57-9 RGB: 102-93-96
CMYK: 66-43-15-16 RGB: 97-113-149	CMYK: 64-55-45-80 RGB: 28-25-34

◎ 精彩案例分析

在该空间中，彩色的线条装饰抢眼又不高调，于简约中释放出热情，整个空间显得轻盈、活泼。

CMYK: 1-16-72-0 RGB: 251-218-96	CMYK: 6-87-100-1 RGB: 218-44-7
CMYK: 97-77-7-2 RGB: 45-64-141	CMYK: 62-51-55-85 RGB: 23-23-15

灰色调的配色方案充满自由与洒脱的气质，给人以男性化的硬朗、冷峻之感，整个空间与展品的特性相吻合。

CMYK: 11-8-9-0 RGB: 231-230-228	CMYK: 58-50-52-55 RGB: 7-64-59
CMYK: 19-13-14-0 RGB: 215-214-212	CMYK: 38-27-27-6 RGB: 166-166-165

淡青色的配色方案给人一种冰冷、凉爽的感觉，与塑料材质相结合，让空间变得更加灵动。

CMYK: 53-41-37-24 RGB: 112-113-117	CMYK: 49-18-9-3 RGB: 144-177-205
CMYK: 71-44-9-9 RGB: 94-117-165	CMYK: 55-38-50-30 RGB: 100-108-97

② 磅礴、大气的展厅设计

该空间以灰色作为主色调，不同深浅的灰色增加了空间的层次感，弧形展台极具曲线美，与展品相互映衬，整个空间色调统一、风格和谐。

◉ 配色方案推荐

CMYK: 60-49-41-45
RGB: 76-75-81

CMYK: 36-27-39-8
RGB: 165-164-146

CMYK: 48-32-26-11
RGB: 138-145-155

CMYK: 45-18-26-5
RGB: 150-176-177

CMYK: 61-41-48-40
RGB: 79-90-86

CMYK: 76-43-15-23
RGB: 71-101-139

CMYK: 0-89-98-0
RGB: 255-18-22

CMYK: 14-47-96-4
RGB: 208-149-29

CMYK: 35-31-31-7
RGB: 168-159-154

CMYK: 67-48-50-71
RGB: 29-43-43

CMYK: 44-11-23-3
RGB: 156-190-191

CMYK: 54-40-41-26
RGB: 108-112-111

CMYK: 63-45-46-47
RGB: 68-76-76

◉ 精彩案例分析

该空间以红色作为主色调，给人以热情、张扬的心理感受，以白色为点缀，与白色展品彼此呼应。

灰色与橙色搭配的地面给人一种怀旧的感觉，白色的展台和隔断让空间的明度大大提高，更强调了展品。

该空间采用高纯度的色彩进行搭配，橘黄色与绿色带给人们热带水果般的甜美与热情。

CMYK: 16-75-73-5
RGB: 197-92-70

CMYK: 15-86-83-4
RGB: 197-64-55

CMYK: 15-17-24-1
RGB: 221-208-190

CMYK: 48-44-46-28
RGB: 116-107-100

CMYK: 1-63-99-0
RGB: 240-122-0

CMYK: 0-38-95-0
RGB: 254-179-0

CMYK: 26-88-100-27
RGB: 144-34-9

CMYK: 14-13-16-0
RGB: 224-217-209

CMYK: 0-0-0-0
RGB: 255-255-255

CMYK: 6-84-100-1
RGB: 219-55-4

CMYK: 13-1-95-0
RGB: 223-240-1

CMYK: 43-41-30-15
RGB: 144-131-138

3 案例欣赏

8.6 医院

医院是诊断病情、治疗病情的场所，设计目的非常清晰，要让患者在医院感觉安逸、可靠。一般色彩选择比较单一、干净，不杂乱，有秩序。

不仅医院的空间设计要人性化，医院的工作服设计也要贴心。护士在穿着白色制服的同时还配上有色的围裙，助理护士等直接穿着有色的制服，这些色彩调整措施都是为了改善医院在患者心目中的冰冷印象，使患者的情绪得到放松，从而更快康复。

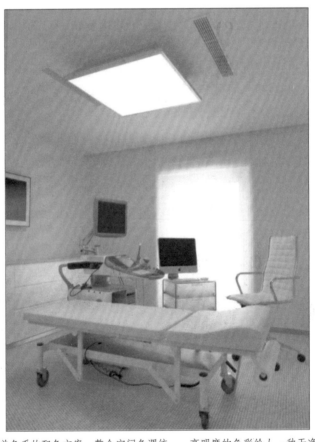

该空间采用单色系的配色方案，整个空间色调统一，高明度的色彩给人一种干净、整洁的印象，再配以淡青色的点缀，为空间增加了变化，使空间不再压抑。

| CMYK: 7-1-3-0 | CMYK: 16-4-1-0 | CMYK: 35-20-12-2 | CMYK: 50-35-25-13 | CMYK: 63-52-42-58 | CMYK: 13-14-24-0 |
| RGB: 237-255-255 | RGB: 219-236-252 | RGB: 178-186-202 | RGB: 132-138-152 | RGB: 57-56-64 | RGB: 227-216-194 |

1 活泼、梦幻的医院设计

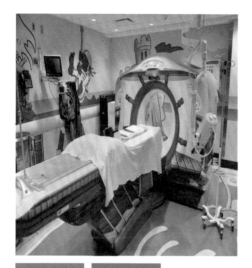

这是一家儿童医院，海底世界的壁画配以造型别致的医疗设备，给儿童一种航海的感觉，这样可以分散儿童的注意力，让他们不再因为看病而紧张。

CMYK: 73-36-8-6
RGB: 86-130-178

CMYK: 64-44-11-11
RGB: 109-119-160

CMYK: 31-72-81-54
RGB: 102-43-16

CMYK: 37-34-99-32
RGB: 119-118-0

◎ 配色方案推荐

CMYK: 95-60-2-1
RGB: 41-90-165

CMYK: 67-1-32-0
RGB: 82-189-189

CMYK: 82-20-25-11
RGB: 37-138-163

CMYK: 0-39-61-0
RGB: 255-173-107

CMYK: 1-60-9-0
RGB: 247-132-165

CMYK: 16-26-72-5
RGB: 206-181-90

CMYK: 61-43-15-15
RGB: 110-118-152

CMYK: 41-70-60-70
RGB: 77-0-0

CMYK: 49-47-82-59
RGB: 70-64-0

◎ 精彩案例分析

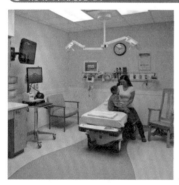

这是一家儿童医院，橙色系的配色方案照顾到儿童的心理需求，柔和的灯光形成光线与色彩的对比，营造出童话般的空间效果。

CMYK: 16-70-100-6
RGB: 195-102-19

CMYK: 30-34-46-9
RGB: 175-156-128

CMYK: 13-17-11-0
RGB: 227-213-213

CMYK: 26-64-87-31
RGB: 142-86-41

紫色贯穿整个空间，雅致梦幻。紫色体现的不仅仅是女性的高贵气质，更多的是一种时尚的美感，以及强烈的视觉与触觉上的舒适感。

CMYK: 23-21-24-1
RGB: 202-193-184

CMYK: 52-82-5-2
RGB: 144-64-137

CMYK: 56-58-51-84
RGB: 41-0-3

CMYK: 67-51-46-71
RGB: 34-41-47

在该空间中，圆弧造型的线条简约流畅，色彩对比强烈，天花吊顶与等待椅形成呼应，强调了空间的功能性，给人以温馨舒适之感。

CMYK: 10-70-100-2
RGB: 212-104-0

CMYK: 39-21-82-17
RGB: 142-156-68

CMYK: 49-64-24-39
RGB: 102-70-94

CMYK: 26-51-71-24
RGB: 154-112-70

② 浪漫、温情的医院设计

　　该空间注重紫色的运用，整体的配色效果亲切、美观、大方。紫色的医疗器械与墙壁相呼应，整齐的条纹壁纸给人以秩序感。

CMYK: 85-90-4-1
RGB: 85-40-131

CMYK: 36-42-3-1
RGB: 177-151-190

CMYK: 50-37-31-16
RGB: 128-131-138

CMYK: 32-22-25-3
RGB: 182-183-178

◉ 配色方案推荐

CMYK: 70-49-0-0
RGB: 105-120-193

CMYK: 80-85-17-8
RGB: 86-51-117

CMYK: 45-46-0-0
RGB: 163-138-196

CMYK: 85-90-0-0
RGB: 93-29-149

CMYK: 57-76-0-0
RGB: 165-58-188

CMYK: 40-82-20-18
RGB: 141-57-106

CMYK: 52-36-23-13
RGB: 127-134-152

CMYK: 40-29-31-8
RGB: 159-163-160

CMYK: 58-66-20-44
RGB: 84-59-89

◉ 精彩案例分析

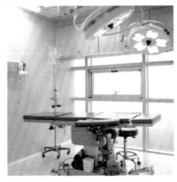

　　青色以点缀的形式贯穿整个空间，在视觉上给人以宽敞明亮、清新自然的感觉。

　　墙面上的青绿色横向装饰，赋予空间一种节奏感，视觉上显得更宽敞，草绿色的等候椅增加了空间的活跃度。

　　该空间设计主要为米黄色调，简洁而温馨，磨砂的玻璃窗避免了强烈光线产生的视觉疲劳，同时也能让患者焦虑的情绪有所缓解。

CMYK: 78-26-12-10
RGB: 63-136-177

CMYK: 7-4-4-0
RGB: 240-240-240

CMYK: 59-9-57-4
RGB: 111-176-133

CMYK: 28-0-33-0
RGB: 184-237-191

CMYK: 35-46-68-28
RGB: 134-110-72

CMYK: 37-31-53-13
RGB: 155-149-115

CMYK: 49-44-50-32
RGB: 110-102-91

CMYK: 36-54-73-42
RGB: 111-82-52

CMYK: 31-23-97-16
RGB: 156-160-21

CMYK: 25-20-31-2
RGB: 197-192-173

CMYK: 21-9-9-0
RGB: 210-219-224

CMYK: 32-22-32-4
RGB: 180-181-167

③ 案例欣赏

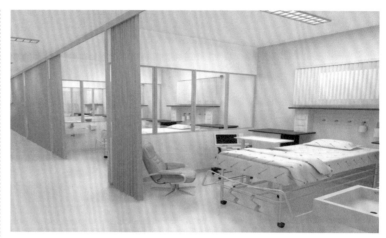
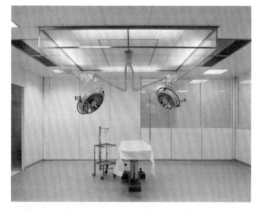
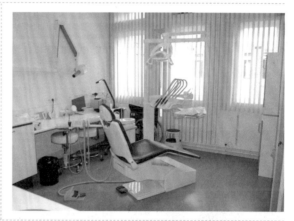

8.7 博物馆

博物馆是将有历史意义和文化内涵的物品进行搜集、保存、研究、传播和展览的空间，具有观赏性和教育意义。博物馆里的展品在平时是不容易见到的，因此在博物馆的设计中要突出神秘感，以匹配其展品的属性。博物馆的灯光设计也很重要，可以烘托整体、强调细节，让人们在灯光所营造的环境中感受历史、品味文化。

该空间采用同类色的配色方案，青色墙壁搭配深青色的地面，给人一种视觉上的统一感。青色还给人以冰冷、压抑、深邃的印象，黄色的灯光可以将气氛调和得柔和、温暖。

| CMYK: 76-39-39-46 | CMYK: 68-32-47-36 | CMYK: 67-54-44-83 | CMYK: 58-57-51-87 | CMYK: 19-77-99-8 | CMYK: 43-25-57-15 |
| RGB: 45-78-87 | RGB: 69-101-96 | RGB: 11-20-37 | RGB: 32-6-7 | RGB: 184-84-24 | RGB: 139-151-112 |

1 深邃、神秘的博物馆设计

该空间以黑色为主色调，整体给人以神秘、静谧的心理感受。利用灯光的引导，使展品更加突出。

◉ 配色方案推荐

CMYK: 64-51-53-79 RGB: 26-30-27	CMYK: 63-46-63-1 RGB: 115-129-104	CMYK: 69-44-50-63 RGB: 37-57-55
CMYK: 61-34-30-20 RGB: 100-122-135	CMYK: 38-15-23-3 RGB: 169-189-189	CMYK: 58-49-49-51 RGB: 71-69-67
CMYK: 48-37-36-17 RGB: 131-130-130	CMYK: 41-47-60-33 RGB: 118-100-77	CMYK: 53-45-50-37 RGB: 96-92-85

CMYK: 61-53-53-85 RGB: 25-20-17	CMYK: 31-25-26-4 RGB: 182-177-173
CMYK: 35-52-76-39 RGB: 117-89-53	CMYK: 54-49-58-52 RGB: 76-70-58

◉ 精彩案例分析

在该空间中，青灰色的墙面与黄色的地板产生了强烈的对比效果，让空间的色调既沉稳、安静又不显压抑。

CMYK: 60-48-36-39 RGB: 84-84-94	CMYK: 61-51-46-58 RGB: 59-57-60
CMYK: 25-45-59-15 RGB: 172-132-96	CMYK: 32-25-26-4 RGB: 180-176-173

黑色的地板与吊顶相呼应，与白色的墙壁产生鲜明的对比，整个空间给人一种深邃、延伸的感觉。

CMYK: 20-21-21-1 RGB: 210-197-189	CMYK: 47-44-41-24 RGB: 123-113-111
CMYK: 57-54-52-67 RGB: 54-44-42	CMYK: 62-53-51-95 RGB: 7-3-4

该空间采用低明度的配色方案。青灰色的墙壁与地面给人一种神秘感，黄褐色的点缀让空间显得更加华丽、优雅。

CMYK: 56-55-37-45 RGB: 84-72-82	CMYK: 20-35-32-4 RGB: 202-168-155
CMYK: 31-68-79-50 RGB: 106-57-31	CMYK: 5-2-2-0 RGB: 244-249-252

② 时尚、年轻的博物馆设计

洋红色是代表女性的色彩。该空间以洋红色为主色调，并配以低纯度的紫色作为点缀，整个空间弥漫着温情、妩媚的女性气息。

CMYK: 19-70-37-7
RGB: 194-100-114

CMYK: 7-42-6-1
RGB: 232-169-188

CMYK: 25-37-15-4
RGB: 194-162-177

CMYK: 25-21-31-2
RGB: 197-190-172

◎ 配色方案推荐

CMYK: 6-46-1-0
RGB: 246-160-197

CMYK: 17-85-49-5
RGB: 194-64-90

CMYK: 25-58-45-18
RGB: 167-108-102

CMYK: 31-65-19-13
RGB: 166-99-130

CMYK: 11-21-6-0
RGB: 231-208-216

CMYK: 60-67-36-74
RGB: 50-20-46

CMYK: 15-9-25-0
RGB: 223-223-198

CMYK: 32-38-21-7
RGB: 176-152-163

CMYK: 22-42-17-5
RGB: 198-154-167

◎ 精彩案例分析

黑白是时代的经典，配合彩色的装饰，让博物馆的设计极具潮流化的时尚气息。

CMYK: 6-0-1-0
RGB: 243-251-254

CMYK: 21-5-87-0
RGB: 224-226-39

CMYK: 33-31-48-0
RGB: 186-173-138

CMYK: 82-78-76-59
RGB: 35-35-35

为了迎合展品的色彩，将该区域的色调设计为黄色，这种同类色的配色方案给人一种视觉上的统一感。

CMYK: 1-20-68-0
RGB: 251-210-104

CMYK: 36-27-39-7
RGB: 166-165-147

CMYK: 1-10-34-0
RGB: 254-232-182

CMYK: 21-56-98-15
RGB: 173-117-22

在该空间中大面积地使用白色，并搭配高纯度的蓝色以装点墙面，凸显了活泼、年轻的感觉，也巧妙地增加了设计感。

CMYK: 1-4-8-0
RGB: 254-248-239

CMYK: 81-55-10-0
RGB: 51-112-180

CMYK: 53-51-60-1
RGB: 139-126-104

CMYK: 65-80-84-51
RGB: 72-41-32

3 案例欣赏

第 9 章

现代室内装饰设计的特点

　　随着人们物质文化生活水平的提高，现代室内装饰设计呈现出多元化的发展趋势，它已经不是传统意义上的"环境设计"，而是一种理性的综合性的设计创造活动，往往以人为本，研究人与环境、生理、心理、文化、物质等层面的关系。现代室内装饰设计的特点有舒适性、现代性、创新性、艺术性、整体性、商业性等。

CMYK: 84-65-65-25	CMYK: 79-31-39-0	CMYK: 20-14-18-0	CMYK: 9-2-10-0	CMYK: 9-49-3-0	CMYK: 33-87-41-0
RGB: 46-76-77	RGB: 28-146-158	RGB: 213-214-208	RGB: 239-245-237	RGB: 235-159-198	RGB: 189-64-108
CMYK: 10-47-65-0	CMYK: 14-19-22-0	CMYK: 9-2-10-0	CMYK: 82-75-75-53	CMYK: 20-34-16-0	CMYK: 55-13-27-0
RGB: 235-159-93	RGB: 226-211-197	RGB: 239-245-237	RGB: 39-43-42	RGB: 213-181-192	RGB: 125-190-195

9.1 舒适性

室内装饰设计以满足人类基本需求和享受为目的，是艺术、科学与生活的整体性综合，是功能形式与技术的总体性协调。创造舒适化的功能环境是室内装饰设计的终极目标。室内装饰设计的舒适性与材质、装饰、配色、布局都有很大的关联。

水晶吊灯与整个空间的风格相吻合，精致的吊灯为这间卧室增添了浪漫气息。

对称的床头设计，让整个空间看起来严谨、和谐。

厚重的窗帘为保证睡眠提供了良好的条件。

这间卧室采用单色系的配色方案，地毯的色彩与整体相呼应。

暖色调的床上用品让整个空间变得温暖起来。

CMYK: 11-33-63-0
RGB: 237-186-105

CMYK: 36-76-100-2
RGB: 182-88-6

CMYK: 8-22-48-0
RGB: 242-210-146

CMYK: 26-76-90-0
RGB: 203-92-43

CMYK: 46-94-100-16
RGB: 147-40-6

CMYK: 0-51-72-0
RGB: 254-155-73

1 惬意、浪漫的空间设计

在该空间中，灰色调占据了大部分的面积，深灰色的地毯可以让空间的色彩"沉"下来，同时也增加了空间的层次感。柔和的灯光可以烘托气氛，让整个空间更适合睡眠。

配色方案推荐

CMYK: 53-69-51-2
RGB: 142-96-106

MYK: 74-63-61-15
RGB: 81-88-88

CMYK: 72-74-85-52
RGB: 59-46-33

CMYK: 39-69-61-0
RGB: 175-103-92

CMYK: 69-78-66-33
RGB: 82-57-63

CMYK: 49-38-30-0
RGB: 147-152-162

CMYK: 47-72-58-2
RGB: 157-92-93

CMYK: 12-16-40-0
RGB: 234-218-166

CMYK: 41-29-17-0
RGB: 166-175-194

CMYK: 28-23-24-0
RGB: 193-192-187

CMYK: 82-81-80-66
RGB: 29-25-24

CMYK: 20-20-41-0
RGB: 216-203-160

CMYK: 52-64-78-9
RGB: 139-99-68

CMYK: 15-18-70-0
RGB: 234-211-95

CMYK: 31-46-50-0
RGB: 192-149-124

精彩案例分析

该空间采用白色作为主色调，将粉色的沙发和黄色的座椅凸显出来，使整个空间气氛活跃、生动。

该空间色调柔和，再搭配多层次的灯光，使整个空间显得更温馨、安静。

绿色的点缀在空间中显得格外活跃，为这间白色调的卧室增添了生活气息。

CMYK: 43-29-23-0
RGB: 160-172-184

CMYK: 22-82-38-0
RGB: 211-77-114

CMYK: 83-63-55-11
RGB: 55-89-100

CMYK: 24-11-11-0
RGB: 205-218-224

CMYK: 47-53-70-1
RGB: 156-126-88

CMYK: 28-19-18-0
RGB: 194-199-202

CMYK: 31-43-78-0
RGB: 194-153-73

CMYK: 82-61-80-32
RGB: 48-75-58

CMYK: 37-49-73-0
RGB: 180-140-83

CMYK: 12-13-28-0
RGB: 233-222-192

CMYK: 72-48-100-9
RGB: 89-114-10

CMYK: 31-11-5-0
RGB: 187-213-236

2 内敛并彰显品位的空间设计

在这间卧室中，灰褐色占据了较大的面积，但是由于色彩的纯度和明度不同，给人一种统一中充满了变化的感觉。圆形的吊灯为这间中性色彩浓郁的空间增添了几分柔情。

CMYK：34-26-16-0 RGB：182-184-199	CMYK：54-54-64-2 RGB：137-119-95	CMYK：73-68-71-31 RGB：73-70-63
CMYK：66-66-80-28 RGB：91-76-55	CMYK：39-58-79-0 RGB：176-123-69	CMYK：42-35-35-0 RGB：162-160-160

◉ 配色方案推荐

CMYK：58-58-75-8 RGB：124-107-76	CMYK：40-49-60-0 RGB：172-138-105	CMYK：26-33-38-0 RGB：200-177-156
CMYK：47-70-96-10 RGB：149-90-42	CMYK：30-29-30-0 RGB：190-180-172	CMYK：52-38-35-0 RGB：140-150-155
CMYK：56-60-49-1 RGB：134-110-115	CMYK：74-63-61-15 RGB：81-88-88	CMYK：60-43-96-1 RGB：124-134-52

◉ 精彩案例分析

在这间客厅中，以浅灰色为主的色调，既保证了空间的明度，也让空间看起来更干净、整洁。几个淡黄色的靠枕，让空间色彩不再单调。

在灰色调的衬托下，紫红色的沙发更加华丽、别致，尽显居住者的高雅趣味。

地毯和靠枕的色彩相互映衬，整个空间的色调统一、和谐，纯净雅致。

CMYK：47-72-99-10 RGB：150-87-38	CMYK：25-24-67-0 RGB：209-192-104
CMYK：37-27-32-0 RGB：175-178-169	CMYK：47-47-47-0 RGB：154-137-127

CMYK：51-73-52-2 RGB：149-89-102	CMYK：68-57-55-4 RGB：102-106-106
CMYK：36-85-69-1 RGB：182-70-72	CMYK：70-68-72-30 RGB：81-72-63

CMYK：47-29-26-0 RGB：152-170-178	CMYK：31-29-25-0 RGB：188-180-180
CMYK：65-63-54-5 RGB：110-99-104	CMYK：12-10-8-0 RGB：229-228-231

3 简单、自然的空间设计

该空间采用类似色的配色方案，整个空间的色彩呈现出简单、自然的状态，特别是大面积的地毯，减少了地板的冰冷之感，增加了空间的温度。

◉ 配色方案推荐

CMYK: 12-34-59-0 RGB: 234-184-114	MYK: 2-21-46-0 RGB: 255-216-150	CMYK: 32-30-32-0 RGB: 187-177-167
CMYK: 52-23-37-0 RGB: 138-174-164	CMYK: 80-80-86-68 RGB: 31-25-19	CMYK: 49-80-77-14 RGB: 141-71-61
CMYK: 56-63-98-15 RGB: 124-95-41	CMYK: 25-36-25-0 RGB: 202-172-175	CMYK: 20-9-33-0 RGB: 216-222-186

CMYK: 57-60-86-11 RGB: 126-102-58	CMYK: 27-48-65-0 RGB: 201-148-96	CMYK: 15-27-34-0 RGB: 226-196-168
CMYK: 43-78-100-7 RGB: 162-78-10	CMYK: 23-24-25-0 RGB: 207-194-185	CMYK: 69-73-96-49 RGB: 67-51-26

◉ 精彩案例分析

粉红色是女生的色彩。在这个角落中，深浅不一的粉红色给人一种浪漫、活泼的感觉，像极了女生多变的性格。

在这个休息区中，造型别致的座椅是设计的亮点，体现出"以人为本"的设计理念。

在该餐厅中，整面墙的壁画较为抢眼，给人一种艺术、抽象的感觉。

CMYK: 39-89-37-0 RGB: 178-57-111	CMYK: 32-39-36-0 RGB: 188-161-152
CMYK: 27-80-43-0 RGB: 202-82-109	CMYK: 19-15-22-0 RGB: 215-213-200

CMYK: 31-33-49-0 RGB: 192-172-135	CMYK: 37-40-32-0 RGB: 176-157-159
CMYK: 64-64-64-13 RGB: 106-91-84	CMYK: 65-56-41-0 RGB: 112-113-131

CMYK: 58-46-67-1 RGB: 127-131-98	CMYK: 29-18-35-0 RGB: 127-131-98
CMYK: 53-62-78-9 RGB: 135-101-68	CMYK: 71-66-57-12 RGB: 90-87-93

④ 案例欣赏

9.2 现代性

现代社会日趋信息化、多元化、链条化，这为室内装饰设计的现代性打下了基础。所谓现代性，是指形式上的现代性，代表着时代的潮流。通常室内装饰设计的现代性能够带给人们视觉上的冲击与享受。室内装饰设计的现代性主要表现在以下几个方面。

1. 艺术：产生一种少见的形式。
2. 技术：利用新技术进行组合，对技术进行创造性的发挥。
3. 风格：给室内环境以新的界定。

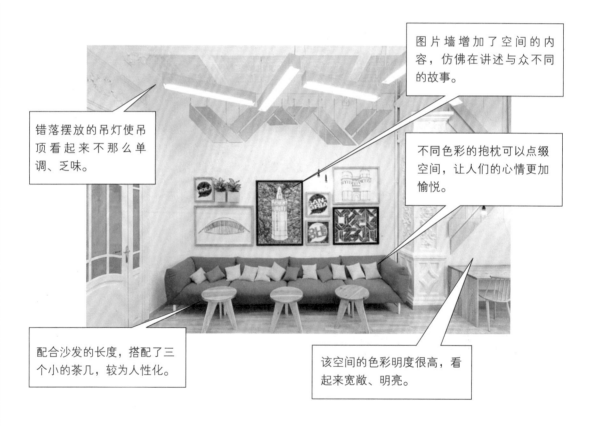

图片墙增加了空间的内容，仿佛在讲述与众不同的故事。

错落摆放的吊灯使吊顶看起来不那么单调、乏味。

不同色彩的抱枕可以点缀空间，让人们的心情更加愉悦。

配合沙发的长度，搭配了三个小的茶几，较为人性化。

该空间的色彩明度很高，看起来宽敞、明亮。

CMYK: 18-13-56-0
RGB: 226-218-133

CMYK: 35-11-28-0
RGB: 180-207-192

CMYK: 19-25-41-0
RGB: 218-196-157

CMYK: 52-44-38-0
RGB: 140-139-144

CMYK: 8-12-82-0
RGB: 252-226-50

CMYK: 16-80-48-0
RGB: 222-85-101

1 宽敞、通透的空间设计

该客厅的采光很好，阳光照射在墙面上，给人一种宽敞、通透的感觉。虽然客厅中的陈设较多，但是并没有给人以拥堵之感，带有条纹装饰的沙发别具独特的韵味。

◎ 配色方案推荐

CMYK: 38-70-78-1 RGB: 178-100-66	MYK: 43-100-100-12 RGB: 159-0-0	CMYK: 18-82-78-0 RGB: 217-79-57
CMYK: 39-31-21-0 RGB: 170-171-184	CMYK: 53-56-71-4 RGB: 139-115-84	CMYK: 69-75-65-29 RGB: 85-63-68
CMYK: 66-64-72-20 RGB: 98-86-70	CMYK: 30-62-92-0 RGB: 195-119-42	CMYK: 54-45-43-0 RGB: 134-134-134

CMYK: 23-37-56-0 RGB: 209-171-118	CMYK: 46-86-87-13 RGB: 147-62-49	CMYK: 22-23-28-0 RGB: 208-196-182
CMYK: 54-33-40-0 RGB: 135-156-150	CMYK: 11-26-46-0 RGB: 236-201-147	CMYK: 74-70-71-36 RGB: 67-63-59

◎ 精彩案例分析

该空间的色彩由黑色、白色、和灰色组成，给人以简约、现代的感觉，错落的吊灯增加了空间的艺术感。

CMYK: 76-67-71-32 RGB: 65-70-64	CMYK: 89-81-86-73 RGB: 12-17-13
CMYK: 41-32-30-0 RGB: 165-166-168	CMYK: 9-7-7-0 RGB: 236-236-236

该空间的色彩较为丰富，深绿色的地毯柔软舒适，让人联想到春日里的草坪，增加了生活的情趣。

CMYK: 27-18-94-0 RGB: 210-201-0	CMYK: 78-83-90-70 RGB: 33-20-12
CMYK: 72-60-100-28 RGB: 79-82-11	CMYK: 63-73-88-37 RGB: 90-62-40

在这间客厅中，以棕色调作为主色调，给人一种厚重、沉稳的感觉。圆形的水晶吊灯增加了空间的奢华感。

CMYK: 55-80-100-32 RGB: 111-57-11	CMYK: 18-19-46-0 RGB: 221-206-151
CMYK: 60-60-75-12 RGB: 116-99-72	CMYK: 91-77-89-70 RGB: 7-24-16

② 富有个性、率真的空间设计

在这间卧室中，白色占据了较大的面积，黄色和青色作为点缀色，互为对比，这样的配色方案使空间的色彩突出，气氛活泼。

◉ 配色方案推荐

CMYK: 38-24-34-0
RGB: 174-182-168

MYK: 43-0-24-0
RGB: 157-219-212

CMYK: 72-38-77-1
RGB: 85-135-88

CMYK: 84-44-36-0
RGB: 10-125-152

CMYK: 2-36-90-0
RGB: 255-185-5

CMYK: 45-37-34-0
RGB: 155-155-156

CMYK: 22-22-26-0
RGB: 209-199-186

CMYK: 47-38-79-0
RGB: 158-152-79

CMYK: 81-60-59-12
RGB: 62-93-96

CMYK: 26-49-77-0
RGB: 203-145-72

CMYK: 48-74-100-13
RGB: 158-152-79

CMYK: 16-0-41-0
RGB: 230-247-175

CMYK: 5-21-88-0
RGB: 255-211-0

◉ 精彩案例分析

在该空间中，以灰色为主的配色方案显得有些单调。为了避免这种感觉，使用橘红色作为点缀，使空间的气氛变得活泼起来。

CMYK: 36-88-100-2
RGB: 184-59-6

CMYK: 70-68-72-30
RGB: 81-71-62

CMYK: 39-38-54-0
RGB: 173-157-123

CMYK: 37-16-43-0
RGB: 177-197-160

这是一间酒店的卧室部分，洋红色通常给人一种浪漫、柔情的感觉，令人印象深刻。

CMYK: 24-98-34-0
RGB: 207-5-107

CMYK: 16-27-0-0
RGB: 227-199-247

在这间书店中，黄色给人一种热情、活力的感觉，地面上的方格装饰与书架相呼应，有一种延伸之感。

CMYK: 40-32-30-0
RGB: 166-167-168

CMYK: 5-26-89-0
RGB: 254-202-0

CMYK: 69-61-52-5
RGB: 101-100-108

CMYK: 53-66-73-9
RGB: 137-96-74

3 时尚、现代的空间设计

在这间客厅中，黑色与白色的搭配是空间的主旋律，给人一种对比强烈的感觉。特别是地毯部分，让人觉得空间仿佛动了起来。红色的沙发起到了点缀的作用，让空间的色彩不再单调、乏味。

◉ 配色方案推荐

CMYK: 46-78-63-4 RGB: 158-82-83	MYK: 51-100-100-35 RGB: 115-0-10	CMYK: 45-64-38-0 RGB: 115-0-10
CMYK: 58-63-63-8 RGB: 124-99-89	CMYK: 0-96-95-0 RGB: 255-0-0	CMYK: 21-39-61-0 RGB: 214-168-107
CMYK: 0-88-49-0 RGB: 252-55-92	CMYK: 40-32-30-0 RGB: 166-166-168	CMYK: 49-52-56-1 RGB: 150-127-109

CMYK: 83-79-80-64 RGB: 29-29-27	CMYK: 7-8-8-0 RGB: 240-236-233
CMYK: 30-78-81-0 RGB: 194-86-58	CMYK: 70-34-21-0 RGB: 82-149-185

◉ 精彩案例分析

白色的主色调符合卫生间的配色风格，看起来干净、清洁，绿色的点缀给人一种活力、年轻的感觉。

CMYK: 12-16-21-0 RGB: 230-218-202	CMYK: 68-41-68-1 RGB: 99-134-101
CMYK: 55-55-62-2 RGB: 135-118-98	CMYK: 2-0-11-0 RGB: 255-255-236

这间客厅的色彩搭配较为年轻，黄色与青色的对比给人以强烈的视觉冲击力，符合年轻人充满活力、自由奔放的性格。

CMYK: 85-65-51-9 RGB: 52-87-106	CMYK: 20-19-56-0 RGB: 219-205-130
CMYK: 66-37-90-1 RGB: 108-141-66	CMYK: 32-28-28-0 RGB: 185-180-176

该空间的整体风格以柔美为主，具有细节感的房顶十分别致，紫色椅子的装饰更加贴近空间的气氛，起到了点睛的作用。

CMYK: 37-26-23-0 RGB: 173-180-186	CMYK: 65-54-6-0 RGB: 110-120-185
CMYK: 74-84-13-0 RGB: 100-65-145	CMYK: 14-10-13-0 RGB: 226-227-222

4 案例欣赏

9.3 创新性

在市场的经济大潮下，各行各业都在创新，室内装饰设计也不例外。只有不断创新，走在潮流的最顶尖，才能不被这个社会淘汰。设计师可以通过以下几个方面来提高室内装饰设计的创新性。

1. 设计理念的创新：设计师要对室内装饰设计的发展历史和发展趋势进行深入的了解，并用敏感的嗅觉去感知时代的潮流动向。

2. 技术和材料的创新：设计师要了解不同材料的特点，将新兴的科学技术和材料知识运用到设计中去。

3. 装饰技巧、主题设计的创新：这要求设计师要不断地去提高审美水平、自我修养，不断地去开拓视野，将室内装饰设计的创新精神落到实处。

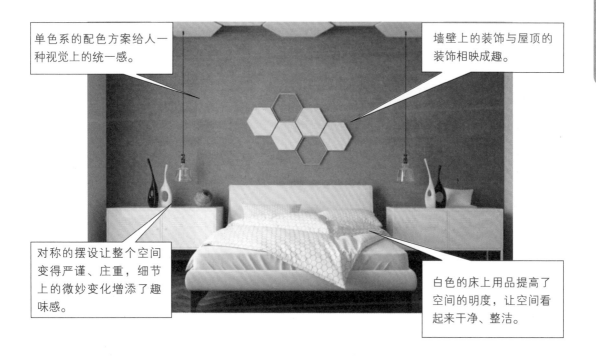

单色系的配色方案给人一种视觉上的统一感。

墙壁上的装饰与屋顶的装饰相映成趣。

对称的摆设让整个空间变得严谨、庄重，细节上的微妙变化增添了趣味感。

白色的床上用品提高了空间的明度，让空间看起来干净、整洁。

CMYK: 56-52-54-1
RGB: 132-122-113

CMYK: 34-27-24-0
RGB: 181-181-183

CMYK: 65-76-83-43
RGB: 80-53-40

CMYK: 84-79-81-66
RGB: 26-26-24

CMYK: 37-32-54-0
RGB: 179-170-127

CMYK: 36-42-58-0
RGB: 181-152-113

1 别致、精巧的空间设计

这间卧室采光良好，减少了灰色带来的压抑感，对称的布局给人一种有秩序的印象。墙壁上的抽象壁画增加了空间的艺术气息，可以看出居住者的艺术修养。

◉ 配色方案推荐

CMYK: 44-35-83-0 RGB: 165-158-71	MYK: 30-31-62-0 RGB: 197-176-112	CMYK: 50-70-91-12 RGB: 141-88-48
CMYK: 47-27-32-0 RGB: 152-172-170	CMYK: 50-50-50-0 RGB: 148-130-120	CMYK: 49-74-100-15 RGB: 141-80-25	CMYK: 32-16-45-0 RGB: 190-201-156	CMYK: 82-84-86-72 RGB: 26-15-12	CMYK: 63-53-49-1 RGB: 115-117-120

CMYK: 32-29-33-0 RGB: 187-178-165	CMYK: 75-75-74-46 RGB: 58-50-48	CMYK: 73-60-51-5 RGB: 90-100-110	CMYK: 50-31-35-0 RGB: 145-162-160	CMYK: 83-65-47-5 RGB: 59-90-114	CMYK: 62-56-56-3 RGB: 117-111-105

◉ 精彩案例分析

造型独特的办公桌使这个办公角落变得活泼、有趣。

白色的布艺沙发透着惬意与安然，黑色的茶几与其形成对比，增加了空间色彩的层次感。

灰色的沙发美观且实用，大面积的落地窗使人的视线自然地向外延展，增加了空间的透气感，使灰色不再沉闷，反而更有格调。

CMYK: 57-51-55-1 RGB: 131-125-113	CMYK: 21-47-77-0 RGB: 215-153-70
CMYK: 100-85-44-8 RGB: 1-60-106	CMYK: 27-19-34-0 RGB: 199-199-173

CMYK: 76-69-76-40 RGB: 60-61-52	CMYK: 71-72-86-49 RGB: 63-51-35
CMYK: 64-70-100-37 RGB: 89-65-21	CMYK: 22-23-41-0 RGB: 212-197-158

CMYK: 76-74-67-36 RGB: 64-58-62	CMYK: 62-58-58-4 RGB: 117-108-101
CMYK: 61-60-77-13 RGB: 114-99-70	CMYK: 30-26-40-0 RGB: 192-185-157

② 清雅、自然的空间设计

该空间以绿色作为主色调，以植物作为装饰，给人以亲近自然的感觉。线条与面的穿插极为连贯，避免了视觉上的杂乱感。

◉ 配色方案推荐

CMYK: 42-34-86-0
RGB: 170-162-62

MYK: 27-30-62-0
RGB: 203-180-111

CMYK: 30-13-45-0
RGB: 195-207-158

CMYK: 56-30-78-0
RGB: 133-159-85

CMYK: 85-51-100-17
RGB: 36-99-11

CMYK: 37-19-60-0
RGB: 181-191-122

CMYK: 50-70-91-12
RGB: 141-88-48

CMYK: 80-50-100-13
RGB: 61-105-43

CMYK: 31-11-63-0
RGB: 197-210-119

CMYK: 35-36-76-0
RGB: 187-163-81

CMYK: 36-71-93-1
RGB: 183-98-44

CMYK: 14-1-19-0
RGB: 229-241-219

CMYK: 31-38-58-0
RGB: 192-163-116

CMYK: 73-70-83-46
RGB: 62-56-41

CMYK: 68-74-58-17
RGB: 98-73-85

◉ 精彩案例分析

黄绿色系的配色方案让整间卧室散发出朴素、温馨的气息。

将自然光源引入室内，冲淡了灰色调的压抑之感，使大地色系更有生机。

纯度极高的白色，点缀少许的红色，既不喧宾夺主又能轻松表现主题。

CMYK: 39-31-88-0
RGB: 179-170-56

CMYK: 19-26-63-0
RGB: 222-194-110

CMYK: 67-63-67-17
RGB: 97-89-79

CMYK: 75-72-77-47
RGB: 57-52-45

CMYK: 39-32-24-0
RGB: 171-169-178

CMYK: 53-94-98-38
RGB: 106-31-25

CMYK: 45-81-100-12
RGB: 153-69-7

CMYK: 23-5-43-0
RGB: 213-227-168

CMYK: 46-54-56-0
RGB: 159-126-108

CMYK: 46-54-56-0
RGB: 206-197-190

CMYK: 36-51-80-0
RGB: 182-137-69

CMYK: 30-33-33-0
RGB: 192-174-164

3 自然、现代的空间设计

良好的采光和纯白的墙壁巧妙地改善了这间餐厅较为狭窄的缺陷，原木的餐椅有一种朴实的自然情感。

配色方案推荐

CMYK: 51-100-100-34 RGB: 117-0-0	MYK: 32-88-90-1 RGB: 192-64-45	CMYK: 24-59-74-0 RGB: 206-127-73
CMYK: 54-50-52-0 RGB: 137-127-117	CMYK: 69-84-60-28 RGB: 89-53-71	CMYK: 47-57-69-1 RGB: 155-119-87
CMYK: 69-92-63-39 RGB: 79-35-57	CMYK: 50-53-62-1 RGB: 149-124-99	CMYK: 38-65-91-1 RGB: 179-109-48
CMYK: 54-100-100-45 RGB: 97-2-11	CMYK: 9-7-6-0 RGB: 236-237-239	CMYK: 52-74-100-19 RGB: 131-75-23
CMYK: 2-22-50-0 RGB: 255-214-140	CMYK: 0-88-49-0 RGB: 252-55-92	CMYK: 47-57-69-1 RGB: 155-119-87

精彩案例分析

设计师基于黑、白、灰的混搭风格，利用间接照明的光影魔法，设计出现代、前卫的客厅。

在这间卧室中，干净的纯白色使红色更加娇艳无比。

设计师巧妙地利用隔断，将客厅与餐厅分割开来，良好的采光减轻了深棕色系所带来的厚重之感。

CMYK: 83-78-70-50 RGB: 40-43-48	CMYK: 42-54-61-0 RGB: 169-128-100
CMYK: 47-42-38-0 RGB: 152-146-146	CMYK: 41-76-69-2 RGB: 170-88-76

CMYK: 49-44-55-0 RGB: 148-140-117	CMYK: 51-100-100-31 RGB: 120-17-23
CMYK: 85-79-80-65 RGB: 25-27-26	CMYK: 34-28-22-0 RGB: 181-180-186

CMYK: 60-55-58-2 RGB: 122-115-105	CMYK: 39-40-54-0 RGB: 174-154-121
CMYK: 71-65-71-25 RGB: 83-79-68	CMYK: 80-77-84-63 RGB: 36-32-25

室内装饰设计从入门到精通

第9章

208

4 案例欣赏

9.4 | 艺术性

艺术性是室内装饰设计的灵魂所在，是指在室内装饰设计中通过利用各种不同的艺术手段和表现手法，去反映生活与思想。室内装饰设计应以艺术性作为出发点，从空间的整体性、设计思想的一致性和空间的地位三个方面来进行考虑。拥有艺术性的室内装饰设计作品，能更好地表现出人类生存和生活的环境，也能促进社会审美意识的提高。

对称排列的吊灯给人以严谨的美感。

在白色墙壁的衬托下，蓝色橱柜显得更加突出。

白色的墙壁给人一种视觉上的延伸感，让整个空间看起来干净、整洁。

餐厅与客厅相连接，充分地利用了有限的家居空间。

不同图案的地毯丰富了空间的内容，给人一种活泼、跳跃的感觉。

CMYK: 100-98-41-1	CMYK: 12-25-50-0	CMYK: 52-28-14-0	CMYK: 87-80-54-23	CMYK: 78-20-62-0	CMYK: 73-77-79-53
RGB: 22-40-116	RGB: 234-200-139	RGB: 137-169-201	RGB: 48-59-83	RGB: 9-158-125	RGB: 55-42-37

1 流行、前卫的空间设计

在这间办公室中，绿色的地毯让人联想到草坪，搭配红色的木椅，色彩碰撞出不一样的火花，有助于员工保持饱满的工作热情。

◉ 配色方案推荐

CMYK: 11-75-99-0 RGB: 231-95-0	MYK: 68-49-44-0 RGB: 101-123-132	CMYK: 10-30-57-0 RGB: 238-194-120
CMYK: 44-100-100-14 RGB: 154-3-10	CMYK: 47-93-83-17 RGB: 142-45-50	CMYK: 65-73-96-43 RGB: 80-57-30
CMYK: 71-45-100-5 RGB: 94-122-3	CMYK: 75-46-100-7 RGB: 78-118-0	
CMYK: 65-66-79-26 RGB: 94-78-58		
CMYK: 19-32-56-0 RGB: 219-183-123	CMYK: 83-63-100-46 RGB: 37-60-5	CMYK: 47-17-30-0 RGB: 146-187-183
CMYK: 69-69-75-33 RGB: 82-68-57	CMYK: 50-72-60-5 RGB: 148-90-90	
CMYK: 43-30-94-0 RGB: 169-168-41		

◉ 精彩案例分析

绿色的墙壁流露出悠然的生活情趣，沙发后的书柜巧妙地利用了有限的家居空间。

在这个不规则的空间中，纯白的主色调减轻了顶棚过低所造成的压抑感，墙壁上的书柜增加了空间的储物功能。

金色搭配精致的水晶吊灯，整个空间展现出奢华、时尚的气质。

CMYK: 21-18-23-0 RGB: 211-207-196	CMYK: 37-39-57-0 RGB: 179-157-116
CMYK: 54-61-53-1 RGB: 139-109-109	CMYK: 78-60-100-33 RGB: 60-77-35

CMYK: 36-30-31-0 RGB: 176-173-168	CMYK: 41-52-60-0 RGB: 170-133-104
CMYK: 71-69-67-27 RGB: 80-72-69	CMYK: 99-84-54-25 RGB: 7-52-81

CMYK: 55-67-96-19 RGB: 123-86-42	CMYK: 48-58-63-1 RGB: 152-117-95
CMYK: 42-29-37-0 RGB: 164-170-159	CMYK: 45-5-28-0 RGB: 154-209-203

② 时尚、温和的空间设计

在这个角落中，满是抽屉的储物柜不仅具有很强的储物功能，还具有一定的装饰功能。墙面上粉红的壁画流露出随意和洒脱的气息，有引人入胜之感。

◎ 配色方案推荐

CMYK: 81-36-27-0
RGB: 0-139-174

MYK: 82-66-59-18
RGB: 59-80-89

CMYK: 21-72-99-0
RGB: 213-101-19

CMYK: 23-80-45-0
RGB: 208-82-106

CMYK: 18-29-49-0
RGB: 221-189-138

CMYK: 38-53-63-0
RGB: 176-131-98

CMYK: 4-25-49-0
RGB: 249-207-140

CMYK: 18-58-76-0
RGB: 219-132-69

CMYK: 43-71-78-4
RGB: 162-95-66

CMYK: 33-66-86-0
RGB: 189-110-53

CMYK: 75-47-39-0
RGB: 74-123-142

CMYK: 86-82-77-65
RGB: 25-25-28

CMYK: 68-69-68-25
RGB: 89-74-70

CMYK: 83-63-49-6
RGB: 59-93-112

CMYK: 55-58-49-1
RGB: 137-114-117

◎ 精彩案例分析

这是一间混搭风格的书房，原木的桌椅透着厚重与沉稳，造型较为简约，不会给人以压迫感。

青灰色调的地毯和墙面上的壁画相互映衬，灰色的沙发干净、闲适，这样的搭配给人一种家居特有的松驰感。

在这个休息区中，墙面上的抽象壁画较为显眼，青色为主的配色方案给人一种冷静、沉思的感觉。

CMYK: 36-78-93-2
RGB: 181-85-43

CMYK: 50-45-53-0
RGB: 146-138-119

CMYK: 74-41-40-0
RGB: 75-133-147

CMYK: 74-60-54-7
RGB: 85-98-104

CMYK: 76-57-48-3
RGB: 81-105-118

CMYK: 56-52-47-0
RGB: 132-123-124

CMYK: 68-80-83-54
RGB: 65-39-32

CMYK: 34-36-48-0
RGB: 184-165-135

CMYK: 22-21-23-0
RGB: 207-200-192

CMYK: 39-29-79-0
RGB: 183-175-76

CMYK: 96-76-45-8
RGB: 8-72-108

CMYK: 51-39-36-0
RGB: 143-148-152

3 休闲兼具品位的空间设计

这是一间较为宽敞的卧室，墙面上的石头装饰个性独特，有一种美式的田园风格。地毯与窗帘盒、床单的色彩相呼应，这种在同一色系中寻求变化的精神值得去借鉴和学习。

◎ 配色方案推荐

CMYK: 56-63-71-10 RGB: 170-189-206	MYK: 98-98-73-67 RGB: 0-0-28	CMYK: 80-79-85-66 RGB: 33-27-21
CMYK: 52-72-93-17 RGB: 131-81-44	CMYK: 32-45-62-0 RGB: 191-150-104	CMYK: 51-56-62-1 RGB: 146-119-98	CMYK: 20-44-67-0 RGB: 216-158-92	CMYK: 48-22-22-0 RGB: 147-180-192	CMYK: 35-27-21-0 RGB: 178-181-189
CMYK: 59-68-59-8 RGB: 124-91-92	CMYK: 73-37-18-0 RGB: 69-142-187	CMYK: 39-21-15-0 RGB: 170-189-206	CMYK: 45-63-79-3 RGB: 161-109-69	CMYK: 74-31-0-0 RGB: 0-157-255	CMYK: 58-74-63-14 RGB: 122-78-80

◎ 精彩案例分析

红色系的配色方案给人一种温暖、热情的感觉。青色的点缀既丰富了空间的色彩，又不会有喧宾夺主之感。

在这间餐厅中，低明度的色调给人一种低调、品位高雅的感觉，以少量的白色点缀颇具量感的黑色，是非常聪明的选择。

该空间采用低纯度、高明度的配色方案，柔和的淡粉色系透露出家居的温馨与浪漫。

CMYK: 35-57-56-0 RGB: 182-127-107	CMYK: 18-90-60-0 RGB: 217-56-71	CMYK: 51-56-68-2 RGB: 147-119-88	CMYK: 55-51-44-0 RGB: 134-125-128	CMYK: 18-26-18-0 RGB: 216-196-198	CMYK: 34-50-40-0 RGB: 184-140-137
CMYK: 100-99-62-47 RGB: 9-22-53	CMYK: 18-36-49-0 RGB: 219-176-134	CMYK: 57-55-61-2 RGB: 129-116-100	CMYK: 78-76-79-56 RGB: 45-40-35	CMYK: 55-86-53-7 RGB: 136-63-91	CMYK: 32-68-70-0 RGB: 190-106-78

案例欣赏

9.5 整体性

室内装饰设计通常会创造出丰富的空间造型，并讲究科学、合理、自然，这些都是设计的意境。在设计之初，要对整个空间有一个明确、统一的主题。通过这一主题，使整个室内空间变得风格统一且内涵丰富。

淡蓝色和淡粉色是"情侣色"，二者相配是不会出错的。

卡通造型的门框是这个空间的最大亮点。

粉色的懒人沙发与整个空间的氛围相协调。

粉色系的配色方案给人一种浪漫、温柔的感觉。

利用花卉点缀空间，不仅可以美化环境，还可以清新空气。

CMYK: 38-54-54-0
RGB: 176-131-112

CMYK: 16-34-17-0
RGB: 221-183-191

CMYK: 52-33-31-0
RGB: 140-159-166

CMYK: 21-14-7-0
RGB: 210-215-227

CMYK: 31-38-46-0
RGB: 190-163-137

CMYK: 41-85-61-1
RGB: 171-70-84

① 休闲、知性的空间设计

在这间卧室中，大地色系的墙壁搭配同色系的窗帘，整个空间给人一种明亮、温和之感，蓝色系的床上用品摈弃浮华，有知性、自然的视觉印象。

◎ 配色方案推荐

CMYK：80-79-35-1 RGB：81-74-123	MYK：73-45-42-0 RGB：82-127-140	CMYK：76-57-19-0 RGB：80-110-164
CMYK：43-33-32-0 RGB：161-164-164	CMYK：94-90-84-77 RGB：0-0-6	CMYK：74-76-71-43 RGB：63-52-53
CMYK：29-26-40-0 RGB：196-187-158	CMYK：51-48-50-0 RGB：145-132-122	CMYK：81-67-32-0 RGB：68-92-137

CMYK：30-19-16-0 RGB：191-199-205	CMYK：88-84-55-26 RGB：46-52-79
CMYK：28-27-27-0 RGB：194-185-179	CMYK：40-32-30-0 RGB：166-167-168

◎ 精彩案例分析

在这个休息区中，弧形的墙壁可以进行空间的有效分割，也为空间增添了曲线的美感。

该空间的明度较低，青色系的床单搭配水泥材质的墙壁，整个空间充满了忧郁、理性的感觉。

可以看出这是一间混搭风格的客厅，在柔和的灯光下，可以感受到浪漫、温馨的气氛以及不俗的生活情趣。

CMYK：82-39-27-0 RGB：0-134-171	CMYK：87-65-0-0 RGB：14-88-223
CMYK：10-0-64-0 RGB：252-254-108	CMYK：36-82-77-1 RGB：183-77-64

CMYK：47-38-36-0 RGB：150-152-152	CMYK：83-76-70-47 RGB：42-47-51
CMYK：77-84-79-65 RGB：40-24-25	CMYK：72-58-38-0 RGB：94-108-134

CMYK：5-10-34-0 RGB：250-234-183	CMYK：48-55-59-1 RGB：152-123-104
CMYK：40-72-30-0 RGB：175-98-134	CMYK：18-24-24-0 RGB：217-199-189

② 雅致、脱俗的空间设计

白色给人一种纯真、明快的感觉。在这间卧室中，高纯度的白色搭配简约的家具设计，整体给人一种雅致、脱俗之感。

◉ 配色方案推荐

CMYK: 43-46-41-0	CMYK: 24-23-26-0
RGB: 162-141-138	RGB: 203-195-185

CMYK: 9-12-14-0
RGB: 236-227-219

CMYK: 10-7-8-0
RGB: 235-236-235

CMYK: 34-30-31-0
RGB: 182-176-169

CMYK: 6-39-46-0
RGB: 243-178-136

CMYK: 0-24-35-0
RGB: 255-211-170

CMYK: 1-22-46-0
RGB: 255-211-170

CMYK: 85-82-70-55
RGB: 34-34-42

CMYK: 38-46-53-0
RGB: 176-144-118

CMYK: 34-22-48-0
RGB: 209-211-182

CMYK: 44-35-32-0
RGB: 158-160-161

CMYK: 5-32-54-0
RGB: 247-192-126

◉ 精彩案例分析

在这间餐厅中，不同造型的椅子给人一种多元化的感觉，与丰富的色彩相呼应，使空间更有层次感。

棕色系砖纹理的墙面给人一种怀旧的印象，木质的床更有安全感。

该空间以红色系作为主色调，以紫色作为过渡，色彩的层次更加柔和。

CMYK: 78-71-63-28
RGB: 65-68-73

CMYK: 37-67-83-1
RGB: 180-106-59

CMYK: 63-71-67-21
RGB: 104-77-73

CMYK: 34-42-56-0
RGB: 186-154-116

CMYK: 41-84-70-3
RGB: 170-70-72

CMYK: 51-97-87-30
RGB: 119-30-39

CMYK: 17-100-87-0
RGB: 218-4-42

CMYK: 11-36-63-0
RGB: 236-180-105

CMYK: 69-63-55-7
RGB: 98-95-101

CMYK: 55-78-80-25
RGB: 118-66-53

CMYK: 37-67-33-0
RGB: 180-107-133

CMYK: 56-67-69-12
RGB: 127-91-77

3 轻盈、活泼的空间设计

墙面的白色贯穿整个空间，成为主色调。在点缀色的选择上，设计师尽量选择了一些性质活泼且纯度较高的色彩，整个空间给人一种欢乐、轻盈的感觉。

◉ 配色方案推荐

CMYK: 34-99-91-1 RGB: 187-32-44	MYK: 44-93-96-12 RGB: 153-46-39	CMYK: 1-44-71-0 RGB: 253-169-78
CMYK: 62-77-27-0 RGB: 127-81-134	CMYK: 18-48-0-0 RGB: 223-156-212	CMYK: 66-100-26-0 RGB: 127-0-119
CMYK: 66-0-32-0 RGB: 68-197-195	CMYK: 82-78-56-25 RGB: 59-60-80	CMYK: 28-29-38-0 RGB: 196-181-157

CMYK: 39-91-74-3 RGB: 174-56-65	CMYK: 60-70-32-0 RGB: 128-93-133	CMYK: 66-12-35-0 RGB: 83-181-180
CMYK: 29-100-100-1 RGB: 197-0-14	CMYK: 2-14-15-0 RGB: 212-214-213	CMYK: 80-42-99-3 RGB: 57-124-58

◉ 精彩案例分析

富有节奏性的色彩搭配让人们感受到空间的无穷魅力，同时鲜艳的色彩有利于营造空间的气氛。

暖色调的配色方案让整个空间散发出一种甜橙般的味道。选择这样的色彩，可以使家居变得更加温馨。

这种糖果色调最适合小女孩，以绿色为主的床单搭配粉色的地毯，仿佛置身于童话中。

CMYK: 26-49-5-0 RGB: 201-150-193	CMYK: 63-98-23-0 RGB: 128-36-123
CMYK: 45-37-34-0 RGB: 157-155-156	CMYK: 36-60-100-0 RGB: 184-118-1

CMYK: 48-81-73-10 RGB: 147-72-67	CMYK: 16-45-67-0 RGB: 224-160-91
CMYK: 86-69-47-7 RGB: 50-84-111	CMYK: 15-77-84-0 RGB: 223-90-46

CMYK: 42-75-48-0 RGB: 169-90-107	CMYK: 48-34-69-0 RGB: 153-158-100
CMYK: 7-32-22-0 RGB: 240-192-186	CMYK: 3-16-10-0 RGB: 248-225-222

4 案例欣赏

9.6 | 商业性

设计师是通过设计去创造利益的，设计与经济有着本质上的关系。在我国，对设计师的要求还是始终以满足客户的需求为宗旨，这就需要设计师多去聆听客户的想法，从客户的文化水平、经济水平、知识背景等方面去考虑哪一种风格更适合，更能够迎合他们的口味。

斑驳的墙壁流露出岁月的痕迹。

整个空间色调统一、和谐。

圆盘的装饰使空间的内容更加丰富。

带有复杂花纹的地毯不仅美观，也提升了空间的品质。

紫色系的配色方案给人一种柔情似水的感觉。

CMYK: 59-73-45-2	CMYK: 56-96-58-15	CMYK: 21-17-23-0	CMYK: 96-98-59-43	CMYK: 67-78-78-47	CMYK: 44-39-42-0
RGB: 129-87-111	RGB: 127-38-75	RGB: 212-208-196	RGB: 25-26-57	RGB: 72-47-42	RGB: 160-153-142

1 独特、纯熟的空间设计

在这间卧室中几乎没有什么装饰，这种极简的形式像极了时下年轻人我行我素的性格。整个房间的用色也较为简单，采光良好，适合现代、时尚的都市人。

◉ 配色方案推荐

CMYK: 40–35–35–0 RGB: 167–162–157	MYK: 93–88–89–80 RGB: 0–0–0	CMYK: 35–47–54–0 RGB: 182–145–116
CMYK: 31–50–23–0 RGB: 191–144–164	CMYK: 18–19–14–0 RGB: 217–208–210	CMYK: 53–74–67–12 RGB: 133–80–76
CMYK: 34–91–82–1 RGB: 187–57–55	CMYK: 50–63–80–7 RGB: 144–103–66	CMYK: 21–39–61–0 RGB: 214–168–107

CMYK: 56–56–62–3 RGB: 132–115–97	CMYK: 20–17–17–0 RGB: 212–208–205
CMYK: 83–81–84–70 RGB: 26–21–18	CMYK: 69–74–85–49 RGB: 67–49–35

◉ 精彩案例分析

在这间卧室中，无论是壁画还是家具，都流露出浓郁的异域风情，配色古朴、淳厚，个性十足。

淡紫色与淡粉色的搭配，使这间卧室有一种如梦似幻的感觉，仿佛是仙境，令人心生遐思。

这是一间主题酒店设计，夸张的色彩和陈设使人耳目一新，印象深刻。

CMYK: 46–98–100–17 RGB: 145–30–20	CMYK: 55–59–71–7 RGB: 132–107–80
CMYK: 39–82–70–2 RGB: 174–75–73	CMYK: 44–73–100–7 RGB: 160–89–25

CMYK: 41–49–31–0 RGB: 169–139–152	CMYK: 24–23–19–0 RGB: 203–196–197
CMYK: 0–28–7–0 RGB: 255–207–216	CMYK: 11–11–5–0 RGB: 255–255–255

CMYK: 98–99–42–8 RGB: 37–42–100	CMYK: 93–96–63–51 RGB: 27–23–4
CMYK: 2–80–86–0 RGB: 244–86–38	CMYK: 56–97–93–46 RGB: 93–21–24

② 清爽、简素的空间设计

在这间儿童房中，粉色与白色是主色调，低纯度的配色给人一种如棉花糖般的轻柔感觉。将床做成南瓜车的造型，可以圆孩子的童话梦。

◉ 配色方案推荐

CMYK: 14-14-19-0 RGB: 226-220-207	MYK: 0-20-2-0 RGB: 255-223-234	CMYK: 20-18-13-0 RGB: 211-207-213
CMYK: 0-37-12-0 RGB: 255-189-199	CMYK: 14-24-22-0 RGB: 225-201-192	CMYK: 8-30-40-0 RGB: 239-195-156
CMYK: 27-19-18-0 RGB: 196-199-202	CMYK: 11-2-0-0 RGB: 233-245-255	CMYK: 5-9-12-0 RGB: 245-236-226

CMYK: 22-28-25-0 RGB: 209-189-182	CMYK: 14-39-19-0 RGB: 226-175-183
CMYK: 12-7-5-0 RGB: 229-233-238	CMYK: 21-33-41-0 RGB: 213-180-150

◉ 精彩案例分析

带有混搭元素的卧室设计是现代年轻人喜欢的风格，经典建筑图案的床单格外吸引人的眼球。

金属质感的现代化设备给人一种冰冷的印象，在红色的点缀下，空间温度似乎有所提升。

在这间厨房中，将吧台和操作台放置在一起，可以节约空间，浅色调的厨房看起来更加的干净、卫生。

CMYK: 39-46-44-0 RGB: 174-144-133	CMYK: 18-17-19-0 RGB: 218-211-203
CMYK: 82-78-71-51 RGB: 41-42-46	CMYK: 60-62-66-10 RGB: 118-99-85

CMYK: 39-39-47-0 RGB: 173-157-134	CMYK: 38-31-32-0 RGB: 171-170-166
CMYK: 68-86-92-62 RGB: 56-24-15	CMYK: 59-58-64-6 RGB: 122-107-92

CMYK: 74-55-44-1 RGB: 85-111-128	CMYK: 49-37-37-0 RGB: 147-153-152
CMYK: 58-57-69-5 RGB: 133-113-86	CMYK: 19-9-6-0 RGB: 215-225-234

3 个性、纯粹的空间设计

在这间卧室中，巨大的鸵鸟装饰十分吸引眼球。浅色系的配色方案让整个空间看起来轻盈、纯粹。由于地面、床单和墙壁是不同的浅色，给人一种不断变化的流动感。

◉ 配色方案推荐

CMYK: 44-48-32-0 RGB: 161-139-151	MYK: 36-69-30-0 RGB: 182-104-136	CMYK: 11-30-50-0 RGB: 235-192-135

CMYK: 43-38-48-0 RGB: 162-155-133	CMYK: 28-23-32-0 RGB: 195-192-175	CMYK: 56-53-72-4 RGB: 131-118-84	CMYK: 27-20-8-0 RGB: 198-201-220	CMYK: 37-37-45-0 RGB: 178-161-139	CMYK: 17-13-27-0 RGB: 222-218-193
CMYK: 86-81-87-72 RGB: 18-19-14	CMYK: 45-51-75-1 RGB: 161-131-80	CMYK: 68-58-52-4 RGB: 101-106-110	CMYK: 2-23-52-0 RGB: 255-211-134	CMYK: 48-12-72-0 RGB: 152-192-101	CMYK: 13-61-26-0 RGB: 227-130-151

◉ 精彩案例分析

这是一间带有强烈怀旧情绪的浴室，墙壁上大幅的人物肖像增加了空间的艺术感。

CMYK: 51-48-46-0 RGB: 143-132-128	CMYK: 86-57-40-1 RGB: 38-105-134
CMYK: 76-43-62-1 RGB: 74-127-109	CMYK: 69-61-71-19 RGB: 91-89-74

在这间书店中，金属扶手的黑色楼梯让空间变得富有个性、层次分明。

CMYK: 71-68-78-37 RGB: 73-65-52	CMYK: 79-78-92-66 RGB: 34-28-16
CMYK: 33-38-54-0 RGB: 187-162-122	CMYK: 57-59-82-10 RGB: 126-104-65

这是一间充满田园风情的浴室，白色给人一种空灵、纯洁的感觉，搭配碎花图案，整个空间充满了浪漫、愉悦之情。

CMYK: 39-100-74-3 RGB: 126-104-65	CMYK: 27-22-24-0 RGB: 197-194-189
CMYK: 58-50-81-4 RGB: 128-122-72	CMYK: 34-25-67-0 RGB: 189-183-105

223

4 案例欣赏